SCORPIO

AF643001

Dr. Wilma Staffa
mit Shirley Michaela Seul

SEELENGEFÄHRTEN
AUF VIER PFOTEN

Eine Tierärztin zeigt,
was unsere Haustiere über uns verraten

SCORPIO

Dieses Buch ersetzt keinen Tierarztbesuch, und auch die Therapien sind nicht übertragbar auf andere Patienten. Wie jeder Mensch, so ist auch jedes Tier einzigartig. Die Fallgeschichten habe ich verfremdet, um Tiere und ihre Angehörigen zu schützen.

MIX
Papier aus verantwortungsvollen Quellen
FSC® C014889
FSC www.fsc.org

2. Auflage
© 2020 Scorpio Verlag in Europa Verlage GmbH, München
Lektorat: Katharina Lisson
Umschlaggestaltung: Guter Punkt
Umschlagfoto: Kathrin Hoyer, FOTOAtelierHOYER
Satz und Layout: Danai Afrati
Druck und Bindung: Pustet, Regensburg
ISBN 978-3-95803-323-8
Alle Rechte vorbehalten
www.scorpio-verlag.de

Inhalt

Der Tanz der Liebe 8

Tinos Lunge geht in die Knie 13

Die Wende 19

Verhaltensauffälligkeiten 23
Emmas neue Hundehütte 24
Rollenwechsel 29
Lilly und der Stuhl 31
Da ist der Wurm drin 36
Auf dem Schirm 43
Willi, Milli und die Blutsauger 45
Bitte blutig! 51
Der kleine Prinz und die große Salami 55
Alarmsignale 58
Vom Nein zum Ja 61

Tiere haben kein dickes Fell 63

Die süßen Katzen 66
Die Dolmetscherin 68

Finns Hobby 70
Jedes Tier sucht sich seinen Menschen aus 73

Was Tiere für uns tragen und welche Symptome sie spiegeln 75

Heilung braucht Zeit und Mut 79
Nie mehr einsam! 83
Der kleine Hund mit dem großen Herzen 84
Nie ohne Beschäftigung! 88
Die Kaninchenmeditation 91
Ruhepole 95
Rastlos 96
Nie mehr schutzlos! 102
Haarsträubende Probleme 104
Trauertropfen 107
Des Pudels Kern 109
Der Hund der Witwe 112
Der Champion 117
Ich brauch dich! 120
Hier wache ich! 125
Die geheime Sprache der Tiere 127

Abschied 130

Einschläfern oder Einschlafen? 132
Der Sterbeprozess 138
Ich bin bei dir 140
Artgerecht ist herzgerecht 143
Morle darf nicht sterben 146
Loslassen 149
Molls Pizzaparty 150
Das treue Frauchen 153
Der letzte Unterschlupf 156

Schock 161
Wenn etwas an die Nieren geht 163
Der Nachfolger 165
Die Geburt 169

Die Regenbogenbrücke 171

Zum Weiterlesen 173

Der Tanz der Liebe

Eines Abends nach einem langen Tag in meiner Praxis stand ich am Fenster. Eben erst hatte sich die Tür hinter dem letzten Patienten geschlossen. Meine Mitarbeiterinnen waren bereits zu Hause. Kurz genoss ich die Stille nach all den Tieren, Tränen, Tabletten. Da sah ich die beiden, Frau Moltke und Rex. Seit' an Seit' gingen sie durch den nebligen Dezemberabend. Aber sie liefen nicht rund, sie hinkten. Beide! Es wirkte, als tanzten sie ihre ganz eigene Choreographie. Der sechsjährige Schäfer hatte seit zwei Jahren Arthrose. Eigentlich zu früh. Wenn es nass und kalt war, verschlimmerten sich seine Symptome, deshalb war Frau Moltke heute bei mir gewesen. Und wie immer hatte sie gefragt: »Kann man denn da gar nichts machen?«, und ich hatte zusätzlich zur Schmerztherapie ein Präparat empfohlen für den Knochenaufbau. Neulich hatte ich eine Studie gelesen, die mir vielversprechend erschien. Frau Moltke wollte das Präparat gern ausprobieren.

»Der Rex ist meine einzige Freude am Arbeitsplatz«, erzählte sie mir. »Ich habe ihn jeden Tag dabei. Er liegt unter dem Schreibtisch. Ohne den Rex würde ich es im Büro gar nicht aushalten.« Das sagte Frau Moltke oft. Denn eigentlich wollte sie gar keine Beamtin im Bauamt sein. Am liebsten wäre sie Landschaftsgärtnerin. Aber es wäre verrückt, den Beamtenstatus aufzugeben und noch einmal von vorne anzufangen. Und so machte sie weiter wie bisher, ging Tag für

Tag in ihre Behörde, und Rex, die treue Seele, humpelte neben ihr. Frau Moltke hatte sein Humpeln übernommen oder … hatte sie damit begonnen, humpelte sie schon länger, und war der Hund ihr in dieses Bewegungsmuster gefolgt? Ich betrachtete den Tanz von Frauchen und Hund, mittlerweile ein Schattenspiel in der Dämmerung. Da fiel es mir wie Schuppen von den Augen. Und als wären sie leibhaftig anwesend, tanzten einige Paare durch meine Praxis: Herr Scholz mit seinem Kater, der nervöse Snoopy und sein Frauchen, die allergische Minka und ihre Familie, Ben, der sich dauernd übergab, und Frau Weber … hatte sie in der Vormittagssprechstunde nicht sogar gesagt: Ich finde gerade alles zum Kotzen? Und Ben als braver Hund folgte ihr? Kann ein Hund mehr Mitgefühl mit seinem Frauchen zeigen?

Ich öffnete das Fenster. Frau Moltke und Rex waren nur noch Schemen, und dann verschluckte der Nebel sie ganz. Bei mir lichtete er sich an diesem Abend im Dezember. Und als ich kurz darauf mit meiner Familie am Tisch saß und die Kinder mich fragten, was ich heute erlebt hätte – als Jungs liebten sie spannende Geschichten aus der Praxis wie spektakuläre Operationen nach verschluckten Gegenständen –, sagte ich: »Vielleicht wissen Tiere viel mehr, als wir ahnen.«

Diese Erkenntnis überraschte meine Kinder nicht. Sie schauten mich auffordernd an. Wann kam die richtige Geschichte?

Für mich war das bereits die richtige Geschichte. In gewisser Weise habe ich an diesem Abend aufgehört zu humpeln. Doch es dauerte noch drei Jahre, bis ich meinen neuen Schritt ganzheitlich vollzogen hatte in meiner eigenen Choreographie in die Naturheilkunde. Die tiermedizinische Praxis ist meiner heutigen Auffassung nach nämlich nur ein Standbein, und mit dem komme ich nicht vom Fleck. Aber ist Leben nicht genau das, sich fortbewegen, entwickeln? Idealerweise wie in einem Tanz geschmeidig dem Rhythmus des Lebens folgen? Und wenn wir einmal aus dem Takt kommen, helfen uns unsere lieben Haustiere zurück in die Melodie unseres Lebens.

Ich bin fest davon überzeugt, dass Tiere spüren, wenn wir Menschen uns von uns selbst entfernen, und sie tun alles, manchmal opfern sie sogar ihr Leben dafür, dass wir wieder in die Spur kommen. Das ist das größte Geschenk, das Tiere uns machen. Wissen wir das überhaupt? Und wie gehen wir damit um?

Heute behandle ich meine Patienten am liebsten in ihrer gewohnten Umgebung – bei ihren Besitzern zu Hause. Da benehmen sich die Tiere anders, sie verraten mir mehr … auch über ihre menschlichen Angehörigen. Die Zweibeiner sind in der Behandlung einer Erkrankung beim Vierbeiner oder bei einem sonderbaren Verhalten des Tieres für mich Teil der Heilung. Tier und Mensch bilden in ihrer Bezogenheit aufeinander eine Einheit. Wenn ich nicht bloß an Symptomen herumdoktern möchte, muss ich mein Blickfeld erweitern.

Wir alle stehen in Beziehung zueinander, vor allem mit unseren nächsten Menschen und … Tieren. Seit einiger Zeit wird niemand mehr für absonderlich gehalten, wenn er sein Haustier Familienmitglied nennt. Zum Tod eines Tieres wird kondoliert, natürlich, es war ja ein Familienmitglied. Es gibt nicht nur einen gigantischen Markt an Produkten und Futtermitteln für Haustiere, sondern auch Friedhöfe und Bestattungsunternehmen, die den lieben Angehörigen würdevoll verabschieden, weil er seinen Menschen im Laufe seines Lebens ans Herz gewachsen ist. Diese Entwicklung gefällt mir sehr gut, wenngleich ich der Überzeugung bin, dass die enge Bindung zum Tier kein Ziel sein sollte, sondern lediglich ein Entwicklungsschritt. Ich glaube an die Evolution. Vor 500 Millionen Jahren spielte sich das Leben vollständig im Wasser ab. Die Welt sah völlig anders aus, die Kontinente, wie wir sie heute kennen, existierten noch nicht. Teile von Europa lagen nah am Südpol. In dieser Welt entstanden im Meer die Vorläufer der Wirbeltiere. Anfangs besaßen sie nur ein Skelett, später auch einen Schädel und schließlich einen Kiefer. Aus den ersten Wirbeltieren entstanden nach und nach verschiedene Klassen von Wirbeltieren wie Fische, Amphibien, Vögel und endlich Säugetiere, zu denen auch wir Menschen gehören. Wir sind aber noch nicht angekommen im Land der Liebe … und noch brauchen wir die Tiere als Fährtensucher zu uns selbst. Sie zeigen uns, wo es langgeht. Sie kennen den Weg zu einem erfüllten Leben, und wir tun gut daran, ihnen zu folgen.

Doch manchmal verstehen wir die Sprache der Tiere nicht. Und so soll dieses Buch auch ein Dolmetscher sein. Unsere lieben Gefährten zeigen uns, was wir nicht erkennen können. Um Sie, meine lieben Leserinnen und Leser, mit dieser neuen Sprache, den geheimen Botschaften der Haustiere, vertraut zu machen, erzähle ich auch einige Fallgeschichten, in denen Krankheitssymptome beim Tier ursächlich in seinem Besitzer wurzeln. Und ich zeige, wie wir gesund und froh mit unseren Tieren leben und wie wir uns eines Tages liebevoll von ihnen verabschieden können.

Im Grunde genommen wissen wir selbst, was uns guttäte. Doch viel zu oft verstößt es gegen die Gesetze, die wir uns auferlegt haben, die wir glauben, befolgen zu müssen – Glaubenssätze. Fleißig sein, viel leisten, immer freundlich bleiben, schlank sein, Ordnung halten, Zeit haben für Freunde mit Problemen und so weiter und so weiter. Jeder hat seine eigenen Gesetze und Listen, die er abarbeitet. Aber ist das Leben nicht ein bisschen mehr, als es abzuarbeiten? Daran erinnern uns unsere lieben Gefährten – und deshalb werden sie immer wichtiger für viele Menschen. In fast jedem zweiten deutschen Haushalt lebt ein Haustier, Tendenz steigend. Wir halten rund 34 Millionen Tiere, darunter fast 14 Millionen Katzen und mehr als 9 Millionen (steuerlich gemeldete) Hunde. Dazu 6 Millionen zumeist in Kinderzimmern lebende Kleintiere wie Kaninchen, Hamster, Chinchillas und Meerschweinchen sowie gut 5 Millionen Ziervögel. Rund eine Million Pferde kommen in Freizeit und Sport zum Einsatz. Zusätzlich tummeln sich in 4 Millionen deutschen Aquarien, Terrarien und Teichen etwa 100 Millionen Fische und Reptilien. Was glauben Sie? Haben die alle eine Seele? Für mich steht das außer Frage und mehr noch: Ihre Seele spiegelt uns, und mit ihren

Befindlichkeitsstörungen und Krankheiten weisen sie uns den Weg zu unserer – und ihrer – Heilung.

Wir brauchen die Tiere, um unser Leben intensiver zu erfahren. Als Erinnerung an das, was uns guttut, und als Verbindung zu einer Natur, die immer seltener ursprünglich sein darf. Darüber hinaus zeigen unsere Haustiere uns auch, welche Krankheiten wir Gefahr laufen zu bekommen, wenn wir unsere Bedürfnisse missachten. Sie nehmen sie nämlich vorweg, tragen sie in ihrem eigenen Körper aus. Und da wir möchten, dass es unseren Tieren gut geht – oft achten wir mehr auf sie als auf uns selbst –, kümmern wir uns erst dann wirklich. Erst wenn wir für unsere Tiere sprechen, trauen wir uns, die Wahrheit zu sagen. Wir erklären: Am liebsten liegt die Minka mit mir auf dem Sofa. Ja, mit der Katze dürfen wir das. Da sind wir ja nicht faul, sondern tierlieb, die Katze gibt uns die Erlaubnis, alle Fünfe gerade sein zu lassen.

Wir sagen: Am liebsten würde ich manchmal alles hinwerfen im Büro. Dann hätte ich auch mehr Zeit für den Rex.

Wir sagen: Wenn wir am Wochenende lange Spaziergänge machen, ist die Luna glücklich.

In Wirklichkeit kümmern wir uns um uns selbst. Wenn uns das bewusst ist, verändert sich unser ganzes Leben.

Ich selbst habe dazu viele Jahre gebraucht. Als Tierärztin war ich angetreten zu heilen, doch immer öfter fragte ich mich, ob Tumoren zu operieren und Tabletten zu verschreiben der richtige Weg zur Heilung war. Zumal mich ja keiner meiner Patienten freiwillig aufsuchte. Kein Hund, keine Katze und kein Kaninchen hatten bei mir angerufen und einen Termin vereinbart, sondern ihre Besitzer. Sie machten sich Sorgen, ihnen war etwas Beunruhigendes aufgefallen, sie standen verzweifelt vor mir, manchmal mit Tränen in den Augen. *Bitte helfen Sie meinem Liebling!* Ich hörte meist noch etwas anderes heraus: Bitte helfen Sie *mir!* Mit einem kalten Hauch zog die allergrößte Angst durch den Raum: dass das geliebte Geschöpf sterben könnte.

Es dauerte lang, bis ich die Verantwortung sehen konnte, die so manches Tier auf seinem zarten Rücken trug. Und noch länger dauerte es, bis ich auf die heilsame Verbindung zwischen Tieren und ihren Menschen stieß. Eines Tages hatte ich so viele Fälle gesammelt, dass ich mir sicher war: Die Erkrankungen der Tiere können eine Folge der Befürchtungen, Sorgen, Lebensumstände, ungelösten Konflikte ihrer Besitzer sein. Was dahintersteckt und wie ich diesen Fährten folgte, möchte ich Ihnen auf den nächsten Seiten erzählen.

Was uns Menschen betrifft, suchen wir durchaus nach Erklärungen für unsere Erkrankungen. Viele Hinweise finden wir in unserer Sprache: Etwas geht einem an die Nieren, man hat die Nase voll, das Herz stolpert, jemand ist hartnäckig, etwas schlägt auf den Magen – und oft fällt es uns wie die berühmten Schuppen von den Augen. Den Kreis dieser Bedeutungen möchte ich erweitern auf unsere Haustiere, die mit zum System gehören und uns wertvolle Hinweise geben, wo wir Verborgenes nicht erkennen können, wo wir ansetzen sollen, um glücklicher zu leben und gesünder.

Mit jedem Tier, das wir bei uns aufnehmen, zieht eine Chance der Heilung bei uns ein. Es liegt an uns, ob wir sie annehmen, bis wir eines Tages vielleicht gar keine Tiere in unserer Nähe mehr brauchen, weil wir es ohne ihre »Pfoten- und Krallenzeige« schaffen. Dann sind wir wirklich frei – und unsere Tiere auch.

Vorher haben wir noch ein bisschen was zu lernen. Das ist der Sinn unseres Lebens – Entwicklung, wie ihn auch die Evolution vorzeichnet. Letztlich macht diese Herausforderung das Leben erst so richtig spannend.

Tinos Lunge geht in die Knie

Frau Schmitts Tierarzt war im Urlaub, so lernte ich sie in meiner Bereitschaftsdienstwoche kennen. Tino, ein kleiner, struppiger blonder Hund aus dem Tierheim, hatte plötzlich ganz laut geatmet, dann sogar geröchelt. Frau Schmitt war in höchster Sorge und hatte sofort den tierärztlichen Notdienst angerufen. Sie war Mitte fünfzig, Buchhalterin, und Tino war ihr erster Hund und »großes Glück«, wie sie mir ungefragt erzählte. Seit zwei Jahren waren sie »ein Herz und eine Seele«.

Ich untersuchte Tino und stellte ein leichtes Atemgeräusch fest.

»Ist es schlimm?«, fragte Frau Schmitt atemlos.

»Nein«, sagte ich. Zahlreiche Möpse und andere Hunde aus Qualzuchten leiden lebenslang unter deutlich stärkeren Atemproblemen, weil ihnen die Zucht im wahrsten Sinne des Wortes die Kehle zudrückt. Tino brauchte meine Hilfe im Moment nicht. Ich hätte mich sofort verabschieden können. Doch ich hatte das Gefühl, Frau Schmitt brauchte noch ein wenig Zuwendung. Es würde ihr besser gehen, wenn ich Tino eine Spritze gab. Dann könnte Frauchen sich entspannen. Da ein Hustenreiz bei Tino auslösbar war, suchte ich in meiner Arzttasche nach einem homöopathischen Präparat. Meistens greife ich zu Globuli. Diese können im akuten Krankheitsfall auch stündlich gegeben werden. Bei Hunden empfehle ich, die Globuli im Bereich der rechten Lefze einzulegen. Manche Hunde schlecken die Kügelchen auch gern von der Hand. Man muss allerdings aufpassen, dass sie von der Zunge nicht durch die Luft geschleudert werden. Außerdem ist es besser, wenn die Globuli nicht sofort geschluckt, sondern nach und nach über die Mundschleimhaut aufgenommen werden. Im Fall von Tino wollte ich Aconitum mit einer Injektion verabreichen.

»Es ist nämlich so«, begann Frau Schmitt, während sie jeden meiner Handgriffe aufmerksam verfolgte; ich klopfte an die Ampulle und brach sie auf. »Morgen muss ich in den Urlaub.«

Komische Formulierung, dachte ich.

»Tino würde ich währenddessen zu einer Freundin bringen. Die kennt er schon lange. Die mag er auch. Aber …«, sie zögerte.

»Ja?«, fragte ich, während ich die Spritze aufzog.

»Er war doch noch nie über Nacht woanders. Also nur einmal«, verbesserte sie sich. »Als ich wegen meiner Zahngeschichte ins Krankenhaus musste. Aber das war nur eine Nacht, und es war ein Notfall.«

Nun, das war ihr bevorstehender Urlaub wohl auch. Ich drückte den Kolben der Spritze, damit die Luft entwich.

Frau Schmitt seufzte schwer. »Eigentlich sollte Tino jetzt schon bei meiner Freundin sein. Aber dann hat er so komisch geatmet.«

»Und das ist vorher noch nie aufgetreten?«

»Nein, noch nie. Man sagt doch, dass Tiere das spüren, wenn sie weggegeben werden, wenn Menschen verreisen?«

»Sie spüren es, wenn etwas Ungewöhnliches vonstattengeht«, bestätigte ich, und vor meinem inneren Auge materialisierte sich allmählich die Ursache für Tinos Atemnot.

»Ich weiß ja gar nicht, ob ich das überhaupt schaffe«, sagte Frau Schmitt. »Wo mir das Knie doch so weh tut. Weil ich vor einem Monat die Treppe runtergefallen bin und bumm«, sie klatschte in die Hände, »direkt auf das Knie. Ich weiß gar nicht, ob ich mit dem Knie wandern kann. Aber wir haben es schon so lange ausgemacht. Und meine Neffen sehe ich ja sonst nie. Auch die Ferienwohnung habe ich schon bezahlt, und da kann man jetzt nicht mehr stornieren. Das ist viel zu spät. Außerdem hat meine Schwester für so etwas kein Verständnis.«

»Warum nehmen Sie den Tino denn nicht mit?«, fragte ich.

»Nein, das mit dem Fliegen will ich ihm nicht antun, und eine Zugfahrt dauert über acht Stunden bis Südtirol, das ist zu lang für ihn.«

Nachdem ich Tino gestreichelt und ihm unauffällig die Spritze verabreicht hatte, er zuckte nicht einmal, entspannte Frau Schmitt sich.

»Jetzt kriegt er wieder Luft«, sagte sie erleichtert, obwohl Tino auch vorher gut geatmet hatte. Dann sackte sie zusammen und seufzte schwer. »Also muss ich ihn jetzt abgeben und zum Wandern, es hilft ja nichts.«

Frau Schmitt wollte nicht nach Südtirol. Das traute sie sich aber nicht zu sagen. Sie wollte ihre Schwester nicht enttäuschen, und der Urlaub war bezahlt. Aus dieser Misere half ihr Tinos Unpässlichkeit.

»Meinen Sie, ich kann wirklich beruhigt fahren?«, fragte sie mich, und ich hörte deutlich, dass sie sich ein Nein wünschte.

»Tinos Zustand ist kein Hinderungsgrund«, erwiderte ich. »Aber ob Sie beruhigt fahren können, das weiß ich nicht.« »Nein, ich glaube nicht«, stimmte sie zu. »Bloß … wenn ich zu meiner Schwester sage, dass ich wegen Tino nicht komme, das versteht die doch nicht. Tino ist schließlich kein Mensch. Ja, wenn mit den Neffen was wäre, würde ich schon Verständnis haben«, fügte sie trotzig hinzu. »Aber wenn ich unterwegs beim Wandern schlappmache. Wenn das Knie plötzlich wieder weh tut. Unsere längste Etappe dauert vier Stunden. Das ist schon eine ordentliche Strecke.«

Ich hatte den Hund untersucht, die Spritze gegeben, ich hätte gehen können. Stattdessen blieb ich noch eine halbe Stunde, und Frau Schmitt erzählte von Tino und ihrem Knie, und dass sie keine war, die einfach so aufgab. So sei sie auch erzogen worden: immer die Zähne zusammenbeißen. In ihrer Firma hatte sie sechshundert Überstunden angehäuft, obwohl sie eigentlich eine Kur benötigte. Am Ende sagte sie: »So ein Zwangsurlaub wäre gar kein Urlaub. Aber daheimbleiben kann ich auch nicht.«

Sie wollte bis zum Mittag eine Entscheidung treffen. Ich war gespannt, was sie tun würde. Durch die Angst hindurch oder doch lieber einen Schritt zurück. Einen Rat gab ich ihr nicht. Ich bin Tierärztin, keine Menschenpsychologin. Doch als Tierärztin versicherte ich ihr, dass Tino kein akutes Problem hatte, sie könnte ihn unbesorgt zu ihrer Freundin bringen.

Meistens erfahre ich das Ende einer Geschichte nicht. Es ist, als würde ich Bücher lesen und sie im ersten Drittel oder nach der Hälfte zuklappen. Einen kompletten Verlauf kenne ich nur bei meinen Stammkunden, oder wenn ich ein Tier bis zum Tod begleite. Frau Schmitt jedoch rief mich einige Wochen nach unserem Kennenlernen an, und ich erfuhr, dass sie den Urlaub angetreten, aber auf die große Wanderung verzichtet hatte. Jetzt stand wieder eine Reise an, und abermals hatte Tino gehustet. Ihr Haustierarzt hatte keine ernsthafte Erkrankung festgestellt. Meine Hypothese, dass der Hund wegen Frauchens Knie und ihrer Angst vor Neuem röchelte, fand er albern.

Das kränkte mich nicht. Besonders was die Deutungen betrifft, höre ich oft, das sei alles an den Haaren herbeigezogen. Stimmt, sage ich dann. Aber die Haare sind Fell. In dem Moment, wo ein Mensch der Erkrankung seines Tieres eine Bedeutung gibt, die in seinem eigenen Leben wurzelt oder Auswirkungen darauf hat, sollten wir aufmerksam werden. Etwas, was ihn beschäftigt, womit er sich gerade herumschlägt, hat eine Stimme gefunden. Morgen könnte es etwas anderes sein. Doch das ist selten, denn unsere Themen beschäftigen uns meistens für eine Weile, und manchmal dauert es Jahre, bis wir gewisse »Baustellen« aufgeräumt haben. Es ist ein Prozess, und der war auch bei Frau Schmitt in Gang gekommen.

»Ich glaube, mein kleiner Tino zeigt mir, wenn ich Angst habe«, fragte sie mich, »oder?« Das also war der Grund ihres Anrufs. Sie wollte eine Bestätigung hören, die ihr Haustierarzt verwehrte.

»Ja, das ist möglich«, sagte ich.

»Letztes Mal war ich ganz schön stolz auf mich, dass ich es geschafft habe nach Südtirol zu fahren.«

»Das können Sie auch sein.«

»Dann mach ich das diesmal wieder so.« Ihr Strahlen drang durchs Telefon: »Ich lass mich von der Angst doch nicht ins Bockshorn jagen.«

»Ja, das ist eine gute Idee. Und vielleicht sagen Sie dem Tino, dass er sich keine Sorgen zu machen braucht. Dass Sie auch ohne ihn gut zurechtkommen«, gab ich ihr doch noch einen Rat.

»Das spürt der dann, oder?«

»Ich glaub schon. Wenn es Ihnen gut geht, dann geht es auch Ihrem Hund gut«, damit sagte ich das, was mir früher einmal eine

Kinderärztin mit auf den Weg gegeben hatte: Wenn es Ihnen gut geht, dann geht es Ihren Söhnen gut …

»Es ist also besser«, gluckste Frau Schmitt, »ich mache einen Kniefall vor meinem Tino, als dass ich aufs Knie falle.«

»Das ist ganz bestimmt in Tinos Sinn«, ließ ich mich auf ihren scherzhaften Ton ein. »Sonst können Sie ja auch nicht mehr mit ihm nach draußen.«

Es geht uns immer gut, wenn es den Geschöpfen, die wir lieben, gut geht, und wir leiden, wenn sie leiden. Manchmal zeigen sie uns durch ihr Leiden, dass es uns doch nicht so gut geht, wie wir gern glauben möchten …

Die Wende

Mein Vater war Tierarzt. Als Kind liebte ich es, ihn zu seinen Hausbesuchen zu begleiten, wenngleich sie eher Stallbesuche waren. In meiner Kindheit in der DDR hielten die Menschen keine Haustiere wie heute, meist liefen die Hunde, Katzen, Kaninchen und was auch immer einfach irgendwie mit. Sie wurden häufig von Resten ernährt anstatt mit teurem Spezialfutter, und wenn jemand auf die Idee gekommen wäre, mit seinem Haustier zur Physiotherapie oder Homöopathin zu gehen, wäre er für verrückt erklärt worden. Man hielt keine Tiere zur Freude, sondern zum Nutzen. Hunde bewachten den Hof, Katzen jagten Mäuse, Kühe gaben Milch, Schweine Fleisch, Schafe mähten den Rasen.

Die Patienten meines Vaters waren Nutztiere. Ich war sehr stolz auf ihn, und wie er mit wenigen präzisen Griffen schwierigste Lagen lösen konnte. Mein Vati rettete kleinen Lämmern und Zicklein das Leben, deren Kopf sich im Geburtskanal verkantet hatte. Einmal behandelte er sogar einen Elefanten aus einem Zirkus, der bei uns gastierte. Manchmal war ich anderer Meinung als er und fiel ihm bei der Diagnose schon mal ins Wort: »Lieber erst mal röntgen«, sagte ich oder: »Gib mal eine Spritze.« Ich mochte es gern, wenn er mit tierärztlichen Gegenständen hantierte, und vor Blut hatte ich keine Angst. Die umstehenden Erwachsenen lachten gutmütig.

»Na, Wilma, wirste ooch mal Tierarzt?«, fragten sie mich.

Nein, das wollte ich nicht, obwohl ich im Lauf der Jahre einen kleinen Privatzoo aufzog. Einmal fand ich ein flügellahmes Rotkehlchen, das ich verarztete. Es blieb bei mir bis zu seinem Tod. Ich schaute meinem Rotkehlchen gern beim Fliegen zu und lauschte seinen Melodien. Aber ich fragte mich damals schon: Ist es richtig, einen Vogel zu behalten? Mein Rotkehlchen konnte nicht gut fliegen. Es war auf meine Hilfe angewiesen. War das ein schönes Leben? Wenn ich mich in das Vöglein hineinversetzte, wollte es vielleicht gar nicht so gern gerettet werden?

Mit solchen Gedanken blieb ich allein. In meinem Umfeld war niemand, dem ich sie anvertrauen wollte, und ich hörte schon viel zu oft, dass ich komische Fragen stellen würde. Die Antworten der Erwachsenen waren zwar einfach, ich empfand sie aber nicht immer als richtig.

Ich wuchs auf einem Bauernhof auf im Kreis meiner Familie und naher Verwandten. Auf dem Vierseithof lebten auch Tanten und Onkel, insgesamt waren wir sieben Kinder. Nach dem Mauerfall eröffnete mein Vater eine eigene Tierarztpraxis. Vorher war er angestellt beim staatlichen Veterinärwesen. Meine Tante war Landwirtin und hatte keine Zeit, sich um Lämmer zu kümmern, die das Mutterschaf nicht annahm. Ich zog sie mit der Flasche groß – mit dem Resultat, dass sie blökten, sobald sie mich oder andere Zweibeiner sahen. Gutmütig beschwerte sich mein Onkel, der abends oft mithalf, bei mir: »Jetzt bläkt das bleede Schaf. Und alle bläken mit. Kemma nie eemal unsre Ruhe ham?«

Ich rechne es ihnen bis heute hoch an, dass sie meine Lämmer nicht irgendwann zum Verstummen brachten. Und später freuten sich alle über die großen Schafe, zu denen sie herangewachsen waren.

Rund dreißig Milchkühe lebten auf dem Hof. Gern half ich bei der Arbeit im Stall und auf dem Feld mit. Glücksmomente waren es, wenn ich in der riesigen Scheune irgendwo zwischen den vielen

Strohballen ein Hühnernest mit einem warmen Ei fand. Es in der Hand halten und spüren, dass daraus neues Leben, ein winziges Küken entstehen könnte ... Wenn ich es nicht zu meiner Mama brächte ... Einmal hatten wir Kinder ein Zicklein auf dem Hof, wir liebten es heiß und innig, ich übte sogar kleine Kunststücke mit ihm ein, leider nur bis kurz vor Weihnachten. Dann fuhr mein Vater es in den Zoo, wo es angeblich ein viel schöneres Leben hätte als bei uns. Als er heimkam, hatte er Würste dabei, die meine Mutter nicht essen wollte, was mich wunderte.

Nach der Schule machte ich eine Ausbildung zur Kinderkrankenschwester, denn in der Arbeitsgemeinschaft junge Sanitäter hatte es mir sehr gut gefallen. Später arbeitete ich ehrenamtlich beim Roten Kreuz. Eigentlich wollte ich Hebamme werden, doch die Ausbildungsplätze waren knapp. Nachdem ich vier Jahre im Drei-Schicht-System als Kinderkrankenschwester gearbeitet hatte, wollte ich noch tiefer in die Medizin einsteigen. Nach der Arbeit lernte ich am Abendgymnasium für das Abitur, um Humanmedizin zu studieren. Doch dann kam die Wende, ich wurde Mutter und studierte Tiermedizin, weil ich mein Leben als Tierärztin freier gestalten konnte als in einer Hausarztpraxis oder an einer Klinik. Als Tierärztin würde ich nur Privatpatienten behandeln, es gab keine Vorschriften einer kassenärztlichen Vereinigung und kein kompliziertes Abrechnungssystem. Mein Vater freute sich sehr über meinen Entschluss und bot mir an, in seine Praxis miteinzusteigen. Schnell merkte ich, dass ich lieber Haustiere behandelte als Nutztiere. Als Tierärztin für Nutztiere wurde ich oft als Richterin befragt. *Lohnt sich das noch, dass wir das Euter heile machen oder soll ich die Kuh zum Schlachter bringen?*

Tja. Lohnt sich das Leben mit einem entzündeten Euter? Für die Kuh vermutlich schon, vorausgesetzt sie lebt einigermaßen artgerecht. Für den Landwirt jedoch nicht, der sich die Frage gar nicht stellte, ob er artgerecht lebte. Er musste genauso wie ich Aufgaben erfüllen, die ihm nicht gefielen. Um meinen Kredit als Jungtierärztin abzuzahlen, arbeitete ich zusätzlich als Fleischbeschauerin für das Veterinäramt und führte Lebensmittelkontrollen durch. Ich fuhr zu Bauern, die Hausschlachtungen abhielten, und untersuchte zuerst das lebende Tier – ob es gesund genug war, um gegessen zu werden – und begutachtete später den Kadaver. Komisch, dachte ich manchmal. Beim Menschen sind es Leichen, bei den Tieren Kadaver. Menschen haben einen Mund und Tiere ein Maul. Menschen gebären und Schweine ferkeln, Tiere werfen. Aber im Grunde war das alles ziemlich ähnlich. Mit einem Schwein ist der Mensch genetisch fast identisch. Und sehen sie uns nicht sogar ähnlich mit ihrer rosafarbenen Haut? Auch diese Gedanken behielt ich für mich, beziehungsweise benutzte ich das Vokabular, das ich gelernt hatte: Fressen und Saufen, Maul und Schnauze, auch wenn das bei Menschen Schimpfwörter sind. Nun, vielleicht hat die Krone der Schöpfung das nötig, um sich vom Tier abzugrenzen, das die Wissenschaft in letzter Zeit immer näher beim Menschen verortet. Der Gehirnaufbau von Hund, Katze, Elefant, Löwe und so weiter stimmt bis auf minimalste Abweichungen mit dem des Menschen überein. Wir unterscheiden uns von den meisten anderen Tieren nur durch einige kleine Einheiten in den jüngsten Gehirnbereichen – Frontalkortex, oder Stirnlappen –, die für die Flexibilisierung emotionalen Verhaltens zuständig sind. Wir können davon ausgehen, dass Säugetiere Emotionen differenziert wahrnehmen. Selbst bei einfachen Wirbeltieren wie Vögeln, Krokodilen und Fröschen finden wir die Voraussetzungen, um Emotionen zu erleben, wie wir Menschen sie kennen. Wir gehen sogar bei Insekten davon aus, dass sie Grundemotionen wie Schmerz erleben können und aufgrund eines Schmerzerlebens Gefahr meiden. Professorin Bettina Pause fasst den Stand der Forschung in ihrem Buch *Alles Geruchssache* folgendermaßen zusammen: »Kein seriöser Wissenschaftler würde heute noch behaupten, dass es im Denken und Fühlen, also im gesamten Erleben, feste Grenzen zwischen Tier und Mensch gibt.«

Verhaltensauffälligkeiten

Ich war von morgens bis abends am Rennen, denn ich wollte nicht nur eine gute Tierärztin, sondern auch eine gute Mutter, Ehefrau, Tochter, Freundin, Cousine, Nichte, Enkelin, Köchin, Hausfrau, Gärtnerin, Gesprächspartnerin und so weiter sein. Ich dachte nicht an das Leid der Nutztiere. Ich rechnete, wann meine Praxis schuldenfrei wäre. Heute glaube ich, dass ich damals in gewisser Weise auch ein Nutztier war. Ich funktionierte rund um die Uhr, und viele zählten auf mich. Nach dem frühen Tod meiner Mutter versuchte ich mit meiner Schwester, meinen Vater zu stützen. Ich war auch Ansprechpartnerin für meine Mitarbeiterinnen und bei Notfällen rückte ich mitten in der Nacht aus. Ich hetzte so atemlos in meinem Hamsterrad, dass ich gar keine Zeit hatte, mal nach rechts und links zu schauen.

Gut, dass ich damals kein Haustier hatte, es hätte sicher eine Verhaltensauffälligkeit entwickelt, wenn nicht Schlimmeres! So badete ich die Verhaltensauffälligkeit allein aus. Wann immer ich mit meiner Familie in den Ferien in den Süden fuhr, entwickelte ich eine Sonnenallergie. Schon nach kurzem Aufenthalt an der Sonne litt ich an grässlich juckendem Hautausschlag. Und das, wo ich nichts lieber getan hätte, als Licht zu tanken.

Heute würde ich sagen, dass ich raus aus meiner Haut wollte. Letztlich habe ich mich dann ja auch gehäutet und kann das Sonnenlicht nun genießen. Damals hätte ich es nicht ertragen, die Diskrepanz zwischen meinen Bedürfnissen und dem Alltag war wohl zu schmerzhaft für mich. Also ließ ich sie erst gar nicht spürbar werden und blieb im Schatten, Deckel drauf. Zum Glück haben meine Kinder von all dem nicht so viel mitbekommen, sie wuchsen mit mehreren Bezugspersonen auf. Da hatte immer jemand Zeit für sie, wenn ich beschäftigt war. Kinder spiegeln ihre Eltern, wie Haustiere ihre Besitzer spiegeln. Bei Kindern ist uns das auch völlig klar. Wenn sie Verhaltensauffälligkeiten zeigen, sagen wir in der Regel: »Das

Kind kann nichts dafür, es liegt an seinen Eltern.« Man braucht Kindern nur aufmerksam zuzuhören und man weiß, was ihre Eltern denken. Haustiere sprechen nicht unsere Sprache, und doch zeigen sie deutlich, woran es ihren Menschen mangelt. Manchmal fehlt bloß ein bisschen gesunder Menschenverstand!

Emmas neue Hundehütte

Das sportliche Pärchen, beide um die dreißig, frisch eingezogen in ein hübsches Haus, in dem ich zum ersten Hausbesuch vor Ort war – ich machte inzwischen überwiegend Hausbesuche –, war in großer Sorge. Emma, ihre vierjährige Boxerhündin, wirkte schlagartig um Jahre gealtert. Sie nahm kaum mehr Nahrung zu sich, lag den ganzen Tag auf ihrer Decke und war kaum zu bewegen, vor die Tür zu gehen. »Wir erkennen unsere Emma nicht mehr wieder«, beschrieb Frau Merten den Zustand des Hundes bedrückt. Und ihr Mann fügte hinzu: »Normalerweise ist die quicklebendig, hat eher zu viel als zu wenig Energie.«

Frau Merten drückte mir einige Papiere in die Hand. »Das sind die Ergebnisse der Blutuntersuchungen. Emma hat eine schlimme Anämie. Aber kein Tierarzt weiß, woher. Wir waren bei sechs Kollegen von Ihnen, und die letzte meinte, wir sollten eine Knochenmarksbiopsie machen lassen.«

Ich beachtete die Papiere nicht. »Im Knochenmark wird Blut gebildet.«

»Wollen Sie die Werte von Emma nicht erst mal ansehen?«, fragte Herr Merten.

Nein, das wollte ich eigentlich nicht, doch ich warf einen höflichen Blick darauf. Blutwerte werden meiner Meinung nach viel zu hoch gehandelt, denn was sind sie schon, außer einer Momentaufnahme? Sie können zu einer Diagnose beitragen, gewiss, aber allein auf die Blutwerte würde ich mich niemals stützen, zumal wir ja auch bei Menschen wissen, dass ein Mangel völlig unterschiedlich wahrgenommen werden kann. Es gibt Menschen, die fühlen sich bei Werten schlapp, mit denen andere noch locker einen Gipfel erklimmen würden. Eine Anämie ist eine Blutarmut, bei der zu wenig rote Blutkörperchen vorhanden sind. Es gibt unterschiedliche Ursachen für eine Anämie. Und je nach Mensch – oder Tier – unterschiedliche Reaktionsweisen. Im Normalfall herrscht zwischen dem Abbau und der Neubildung roter Blutkörperchen, Erythrozyten, sowie des Hämoglobins, dem roten Blutfarbstoff, ein Gleichgewicht. Wenn es gestört ist, kommt es früher oder später zu einer Blutarmut mit der Folge, dass der Organismus nicht mehr ausreichend mit Sauerstoff versorgt werden kann. Eine Blutarmut ist immer nur ein Symptom einer anderen Grunderkrankung. Die Behandlung hängt von der Ursache ab, und die reicht von Autoimmunerkrankungen, Tumoren, chronischen Entzündungen, Infektionen bis zu Vergiftungen und einigem mehr.

Frau Merten schaute mich fast flehentlich an. »In der Firma meines Mannes hat jemand von Ihnen erzählt. Dass Sie auch bei schwierigen Fällen Rat wissen. Heute Morgen habe ich wieder massig blutigen Schleim aus Emmas Mund geholt. Und oft röchelt sie so schrecklich.«

»Also wörtlich hat mein Kollege gesagt, dass Sie um die Ecke kucken«, korrigierte ihr Mann.

Und das machte ich und untersuchte Emma. Als erstes fiel mir auf, dass der Hund ein Halsband trug. Ein Brustgeschirr wäre bei Atemnot eine Alternative für die Zukunft, und das sagte ich dem Ehepaar.

Betroffen schauten sie sich an.

Wieder einmal ging mir durch den Sinn, wie einfach die Medizin ist – wenn wir auf den gesunden Menschenverstand setzen und die Naturgesetze berücksichtigen.

»Seit wann ist Emma denn wesensverändert?«, erkundigte ich mich.

»Seit drei Wochen«, sagte Frau Merten.

»Und wir waren dann sofort bei unserer Tierärztin«, ergänzte ihr Mann.

»Nein, da waren wir bei dem anderen«, widersprach sie.

»Ja, das stimmt. Wir sind ja hier ganz frisch eingezogen und wollten nicht so weit fahren. Emma war so schlapp, bekam keine Luft, wir dachten es ist ein Notfall«, vervollständigte er.

Diese Information bestätigte meinen Erstverdacht. Alles roch nach NEU. Und es roch immer intensiver, je länger ich mich in dem Haus aufhielt. Es war ein hübsches Haus mit großen Fenstern und schönem Ausblick. Und alles war neu. Die Böden, die Möbel, die Gardinen, die Küche. Da musste ich um keine Ecke schauen.

»Ich vermute, Emma hat sich eine Vergiftung zugezogen«, sagte ich.

»Aber wo? Sie will doch gar nicht mehr raus!«, rief Frau Merten.

»Das ist das Problem«, begann ich und erklärte dem Ehepaar, dass selbst an meine Nase, die ja deutlich höher gelagert war als die des Hundes, der Geruch der Auslegware drang. Die Möbel, die Küchengeräte, das Laminat, der Teppich, all das dünstete aus. Emma atmete diverse Giftstoffe in viel zu hoher Konzentration ein – und hielt sich wegen ihrer Schlappheit ja nur noch in dieser für sie giftigen Umgebung auf.

Fassungslos musterte das Ehepaar sich.

»Wir riechen es selbst schon gar nicht mehr!«, gestand Herr Merten.

»Da hätten wir gar keine Blutuntersuchung gebraucht!«, rief seine Frau.

»Und auch keine Tierärztin«, lächelte ich und dachte, dass es manchmal einfach auf den gesunden Menschenverstand ankommt. Aber wenn es um ihre Tiere geht, reagieren viele Menschen sehr sensibel. Natürlich erfolgt diese Reaktion erstmal aus der Angst heraus. Aber wichtiger ist, dass sie aus der bildlich gesprochenen Autobahn gerissen werden und auch mal den holprigen steinigen

Waldweg benutzen. Das Leben ist keine Autobahn mit Leitplanken und Tankstellen alle fünfzig Kilometer.

Sie sorgen sich so sehr, sie haben so viel Angst, ihren Liebling zu verlieren, dem sie manchmal auch sehr viel aufbürden, dass er ihnen Lebensfreude schenkt zum Beispiel, ihre Einsamkeit lindert, sie tröstet und immer verfügbar ist. Die Vorstellung, ohne ihr Tier zu sein, lässt sie in Panik ausbrechen, und sie brauchen dann ganz schnell Hilfe. Also die Tierärztin. Die soll das kranke Tier bitte, bitte wieder gesund machen. Bei vielen Menschen ist das Tier die verletzliche Stelle, ihre Achillesferse. Ich habe Humanmedizinerinnen kennengelernt, die kaum imstande waren, ihrem Tier subkutan, also in das Unterhautgewebe, eine Spritze zu geben, aus Angst, ihm weh zu tun. Unzählige Besitzer meiner Patienten fahren lieber zu mir in die Praxis, als bei ihrem Tier Fieber zu messen oder Augentropfen zu verabreichen. Obwohl sie oft mit dem Tier kuscheln, haben sie Hemmungen, wenn es um seine Gesundheit geht. Es ist geradezu, als fürchteten sie, etwas kaputt zu machen. Woran liegt das? Meine Vermutungen gehen in zwei Richtungen. Erstens dass wir es in Krisensituationen ganz gernhaben, wenn uns jemand die Verantwortung abnimmt. Zweitens wollen wir vielleicht tatsächlich nicht in die Unversehrtheit des Tieres eindringen. Auch eine Spritze ist eine Verletzung; sie durchstößt die Haut. Letztlich hat jeder Mensch seine eigenen Motive, seine eigene Liebesgeschichte mit seinem vierbeinigen Gefährten.

Mit dem Ehepaar Merten besprach ich die Maßnahmen, damit Emma wieder zu der Hündin werden würde, die sie vorher war. Unter anderem empfahl ich eine Ausleitung mit Chlorella-Algen zur Entgiftung, ferner Wildlachsöl zur Entzündungslinderung und Lymphdrainage zum Abtransport der Giftstoffe. Bio-Chlorella kann man sich als Lastwagen vorstellen, der die gelösten Stoffe aus dem Körper transportiert. Bärlauch löst Schwermetalle aus dem Bindegewebe, Koriander aus dem Nervengewebe.

Keine Sorge – auch wenn Sie im Web Hinweise finden, dass

Bärlauch und Knoblauch giftig für Hunde seien: Die Dosis macht das Gift!

»Meine Kollegin nimmt auch hin und wieder Algen«, sagte Frau Merten.

Ich mache ebenfalls gelegentlich eine Algenkur. Die Chlorella-Algen sind für Menschen geeignet, ebenso die Aromatherapie. Ätherische Öle kommen in der Blüte oder der Rinde, in den Stängeln, Blättern, Wurzeln oder Samen vor. Ursprünglich produzieren die Pflanzen diese aromatischen Substanzen, um Insekten zum Bestäuben anzulocken. Aber auch, um Krankheiten abzuwehren, Fressfeinde fernzuhalten und sich vor Schädigungen durch zu viel Kälte oder Sonne zu schützen. In meiner naturheilkundlichen Tierarztpraxis habe ich sehr gute Erfahrungen mit ätherischen Ölen gemacht und empfahl den Mertens abschließend auch zwei Spezialmischungen.

Beim Abschied fiel mir Frau Merten um den Hals. Mit Tränen in den Augen sagte sie: »Ich habe so Angst gehabt. Wir haben uns doch so gefreut. Endlich das Haus. So lange haben wir darauf hingearbeitet. Und Emma hat einen Garten. Und dann macht sie schlapp. Wenn Emma hier etwas passiert wäre … das wäre kein guter Beginn geworden.«

Wenn wir vergangene Probleme aus einer gewissen Distanz betrachten, fragen wir uns oft, warum wir nicht früher auf die Lösung gekommen sind. Es war doch eigentlich offensichtlich. Doch vieles braucht seine Zeit, und es bringt nichts, sich vorzuwerfen, dass es so lange gedauert hat. Wichtig ist, dass wir eines Tages erkennen, wo der Fehler liegt, wenn es überhaupt einen gibt. In meiner heutigen Weltsicht existieren keine Fehler, nur Hinweise. Und ich selbst habe viele gebraucht, bis ich eines Tages mein Leben – hin zur Vegetarierin – und meine tierärztliche Praxis – auf Naturheilkunde – umstellte.

Rollenwechsel

Hätte mein damaliger Mann sich nach zehn Jahren Ehe nicht in eine andere verliebt, würde ich heute womöglich noch durch meinen Alltag hetzen. Doch so begann ich, mich zum ersten Mal im Leben zu fragen, wie ich wirklich leben wollte. Bislang hatte ich meistens das gemacht, was alle machten, von dem ich glaubte, dass es von mir erwartet wurde. Es war mir nicht schwergefallen, das war nun mal so und Punkt. Nun war alles plötzlich anders. Doch noch während es mir im wahrsten Sinne des Wortes den Boden unter den Füßen wegriss, spürte ich, dass das auch eine Chance war. Ich hatte jede Sicherheit verloren. Ich wusste heute nicht, wie es morgen weitergehen sollte. Überall Fragezeichen. Und zwei Kinder, denen ich Halt geben musste. Und eine Praxis, die noch lange nicht abbezahlt war. Aber auf der anderen Seite: Freiheit. Und das fühlte sich gut an. Sehr gut.

Ich lernte, auf meine eigene Stimme zu hören, und konzentrierte mich in meiner Praxis auf Kleintiere. Hund und Katz, Kaninchen und Meerschweinchen, Hamster, Vögel, Fische, hin und wieder ein Pferd. Das Verhalten ihrer Besitzer war ganz anders als das der Bauern. Sie liebten ihre Tiere oft wie Kinder, viele weinten, wenn ich eine schlimme Diagnose verkünden musste, und die meisten hätten ihr letztes Hemd für das Tier gegeben. Das rührte mich, und ich begann, mich immer mehr für diese enge Beziehung zwischen Mensch und Tier zu interessieren. Ich glaube allerdings, dass auch Landwirte ihre Tiere lieben oder lieben würden, wenn sie es sich gestatten könnten. Doch wir brauchen den kalten Blick auf die Fleisch und Milch produzierenden Maschinen Schwein und Kuh, um ihnen das anzutun. Er schützt uns vor der Erkenntnis, vor unserem Mitgefühl.

Nach circa fünfzehn Jahren als klassische Tierärztin fragte ich mich, wie ich die Tiere wirklich heilen konnte. Denn dieselben Patienten kamen immer wieder, auch wenn sich die Symptome änderten. Einmal hatte die Katze eine Haut-, danach eine Ohrenerkrankung, schließlich Durchfall, dann einen Tumor. Anderen Tieren fehlte nichts, sie sah ich nur zum Impfen.

Woran lag das?

Dass es Stammkunden gab, war einerseits gut für mich – ich lebte ja von meinen Patienten – andererseits gefiel es mir nicht. Denn wenn ich sie wirklich heilen würde, dann würden sie nicht wiederkommen. Irgendwo habe ich mal gelesen, dass im alten China die Ärzte dafür bezahlt wurden, dass die Patienten sie nicht aufsuchten. So etwas wäre mir am liebsten gewesen. Immer tiefer hinterfragte ich die Vorgehensweise von Tierärzten, aber auch von Humanärzten. Es kam mir so vor, als würden Patienten abhängig gemacht, damit sie immer wieder in meine Praxis zurückkehren. Gab es eine Möglichkeit, Patienten zu sehen, ohne sie abhängig zu machen?

Ich beschäftigte mich intensiv mit Ernährung und Homöopathie und anderen naturheilkundlichen Verfahren und löste mich dabei aus dem Praxisbereich meines Vaters, der weiterhin konventionell behandelte. Das brachte mich manchmal in Konflikte, wenn ich ihn vertrat und ein Bauer anrief. Ich sollte mal schnell einen Bullen kastrieren oder Tauben impfen. Immer öfter sagte ich nein, und schließlich rückte ich nur noch bei Notfällen aus. Mein Vater akzeptierte meine Entscheidung, verstehen konnte er sie nicht. Er sagte: »Nutztiere wird es ewig geben. Auch in schwierigen Zeiten. Was zu essen brauchen die Menschen immer.«

»Aber es müssen keine Tiere sein, Vati.«

Mein lieber Vater. Heute denke ich, dass er sich einfach Sorgen um mich machte. Nun, so musste ich selbst mir weniger machen und konnte weiter auf meinem eigenen Weg gehen. Ich liebte meinen Beruf, aber es war auch klar, dass ich etwas ändern musste an der Art, wie ich ihn ausübte. Ich wollte eine Dienerin der Tiere sein zum Wohle der Menschen.

Einige Monate nach der Trennung wollte mein Mann zu mir zurück und einfach so weitermachen wie zuvor. Aber ich war nicht mehr die Wilma von früher. Ich wollte keine solche Sicherheit mehr, denn sie betäubt. Ich wollte meine neue Lebendigkeit auskosten und intensivieren. Das war mir jetzt wichtiger als das schöne große Haus, die zwei Autos und drei Urlaube im Jahr. Ja, wir waren eine Bilderbuchfamilie gewesen. Aber das war nur die Fassade, und jetzt wollte ich im Fundus stöbern und ausprobieren, was es sonst noch alles gab – privat und beruflich.

Wenn ich über manche Patientenbesitzer nachdachte, kam ich nicht umhin, Ursachenforschung zu betreiben. Aber konnte das sein, dass sich Mensch und Tier so nah waren, dass bei beiden Symptome entwickelt wurden? Und wenn das so wäre, dann brauchte ich mich nicht zu wundern, wenn ich mit schulmedizinischen Methoden keine Heilung erreichte. Dann lag das Problem nämlich auf einer anderen Ebene. Aber wie kam ich dorthin? Oder bildete ich mir das alles ein? Lief ich vielleicht Gefahr, meine Eindrücke überzubewerten? Und wann sollte ich weiterforschen und in welchem Fall verfolgte ich falsche Fährten? Ich wollte mir ja nicht um jeden Pickel am Po Gedanken machen!

Lilly und der Stuhl

Lilly konnte einfach nicht genug kriegen. »Dabei ist sie ein Dalmatiner, kein Staubsauger!«, sagte Frau Wöhrl all die Jahre, in denen Lilly immer wieder an Durchfall litt oder sich erbrach, weil sie mal wieder »was erwischt hatte«.

Eine Delikatesse in Lillys Hundeleben waren menschliche Exkremente, und Frau Wöhrl konnte das so anschaulich schildern, dass man vor Entsetzen laut auflachen musste. Aber es war alles andere als lustig, sich den in Ermangelung von Klopapier mit Papiertaschentüchern getapten Hund vorzustellen, der sich die Schnauze leckend aus dem Wald schlenderte.

Diesmal jedoch stand es ernst um Lilly. Die behandelnden Tierärzte in der Tierklinik vermuteten, dass sie etwas Giftiges erwischt hatte. Lilly bekam Antibiotika, so wie ich früher auch behandelt hätte. Erst mal Antibiotika und Schmerzmittel, das hilft immer. Es gibt auch Tierärzte, die neigen zum schnellen Einschläfern, wenn etwas unklar ist. Ich bin der Meinung, dass wir überhaupt noch nicht angefangen haben, über Behandlungsfehler von Tierärzten zu sprechen. Es ist ja schon schwer genug, sie Humanmedizinern nachzuweisen.

Lilly war nicht direkt meine Patientin; ihre Besitzerin kam zu mir, wenn ihr Haustierarzt im Urlaub war. Heute sollte ich Blut abnehmen, um Lillys Werte zu kontrollieren. Meine Arzthelferin brachte die Patientenkarte: Dort war vermerkt, dass ich Lilly zweimal wegen Durchfalls und einmal wegen einer verletzten Kralle behandelt hatte. Ich wollte Frau Wöhrl und Lilly schon aufrufen, da zögerte ich. Ich versuchte, mir in Erinnerung zu rufen, was ich über die beiden wusste. Mir fiel ein, dass Frau Wöhrl geschildert hatte, wie die Fressattacken von Lilly immer gieriger geworden waren. Zuerst nur weggeworfene Brote, dann büxte sie aus und fraß sich durch Komposthaufen. Für einen Dalmatiner war das ungewöhnlich.

»Ich habe alles versucht. Aber keine Futterumstellung hat geholfen«, erzählte sie mir fünf Minuten später im persönlichen Gespräch. Lilly saß neben ihr und sah sehr elend aus. Frau Wöhrl hingegen war wie immer wie aus dem Ei gepellt. Nur die etwas aufdringliche Parfümfahne passte nicht zu der gepflegten Mittzwanzigerin mit dem perfekten Make-up.

»Ich verstehe nicht«, sagte Frau Wöhrl, »warum Lilly sich diese schlechten Erfahrungen nicht merkt.«

»Sie weiß nicht, dass ihr Unwohlsein mit ihren Fressattacken einhergeht«, erwiderte ich.

»Und billig sind diese Eskapaden auch nicht«, fuhr Frau Wöhrl fort. »Wissen Sie, was eine Nacht in der Tierklinik kostet?«

Kurz überlegte ich, ob ich Frau Wöhrl mitteilen sollte, dass ich in meiner Praxis kurzfristig auch Patienten stationär aufnahm, doch ich wollte sie ja nicht ihrem Tierarzt abwerben.

»Zum Glück gibt es Antibiotika«, fuhr Frau Wöhrl fort. »Die haben Lilly wieder mal das Leben gerettet.«

»Hat sie denn öfter welche bekommen in letzter Zeit?«

»Ständig«, sagte Frau Wöhrl.

Und so sah der Hund auch aus. Aus müden Augen schaute er mich ergeben an. Lilly wirkte vollkommen erschöpft. Einem plötzlichen Impuls folgend setzte ich mich neben die Hündin. So etwas hatte ich absichtslos noch nie getan. Immer hatte ich einen Handgriff im Sinn oder einen Verdacht, den ich mit einer Untersuchung kontrollieren wollte. Diesmal hatte ich keinen Plan. Einfach nur Kontakt mit dem Hund aufnehmen. Ihm beistehen. Frau Wöhrl fand mein Verhalten nicht ungewöhnlich. Tierärzte behandeln oft auf Augenhöhe mit ihren Patienten. Ich legte meine Hand auf Lillys Flanke, was Frau Wöhrl wie eine Untersuchung vorkommen mochte. Jetzt spürte ich die tiefe Erschöpfung des Hundes noch deutlicher. Lilly war völlig ausgelaugt. Was war hier los? Warum hatte Lilly … eine Essstörung, ja, es war eine Art Essstörung. Diesmal war die Hündin mit schwersten Vergiftungserscheinungen in die Klinik gekommen und hing zwei Tage am Tropf. Während ich sacht über Lillys Flanken streichelte, las mir Frau Wöhrl vor, welche Blutwerte bestimmt werden sollten, wie die Tierklinik es empfohlen hatte zur Kontrolle.

»Damit lösen Sie das Problem nicht«, hörte ich mich sagen.

Frau Wöhrl musterte mich irritiert.

Abermals wollte sie vorlesen.

»Ich denke, dass Sie Lillys Problem auf einer energetischen Ebene angehen sollten«, fuhr ich fort, meine Hand auf Lillys Flanke.

»Wo?«

»Bisher haben Sie, haben wir alle versucht, es physisch zu lösen.«

Frau Wöhrl lachte auf. »Ja, wo denn sonst?«

»Und wenn es genau hier nicht gelöst werden kann?«, fragte ich, selbst erstaunt über diesen Dialog. Wer sprach da aus mir, war ich das? Ganz tief in mir fühlte ich, dass es richtig war, so zu handeln. Dennoch gab es auch ein Unbehagen. Ich war nur eine Dienstleisterin. Doch der Blick des leidenden Hundes hatte sich tief in meine Seele gebrannt.

»Ich denke an eine Möglichkeit, das Problem so zu anzugehen, dass es nicht wiederkommt«, führte ich aus. »Denn wenn es Lilly nächste Woche besser geht, wird sie wahrscheinlich wieder Kothaufen und anderes Verdorbenes fressen.«

»Dafür gibt es Antibiotika«, entgegnete Frau Wöhrl achselzuckend.

Ich nahm all meinen Mut zusammen und sagte: »Ich mache keine Blutuntersuchung. Ich möchte Ihnen eine Alternative anbieten.«

»Eine neue Therapie?« Frau Wöhrl wurde neugierig.

Ich nicke. »Ich würde Lilly gern etwas zur Blutneubildung und Ausleitung von Giftstoffen geben.«

»Blut nehmen Sie aber trotzdem ab?«

»Nein.«

»Nein?«, irritiert schaute Frau Wöhrl mich an.

Ich schüttelte den Kopf.

Frau Wöhrl stemmte die Hände in die Seiten. »Also ich weiß jetzt nicht, warum ich hier bin.«

Den Blick des Hundes im Herzen sagte ich: »Vielleicht sind Sie hier, damit wir eine Alternative für Lilly finden. Sie und Lilly, Sie stehen sich doch sehr nah.«

Frau Wöhrl ließ die Arme sinken. Meine Bemerkung hatte sie versöhnt. »Das will ich aber meinen! Lilly ist seit ihrer achten Lebenswoche bei mir.«

»Haben Sie sich schon mal gefragt, wo Sie als Lillys Besitzerin Scheiße aufnehmen?«

»Na, draußen natürlich«, sagte Frau Wöhrl, als wäre ich schwer von Begriff. »Ich tüte die immer ein. Ich bin keine solche, die das liegen lässt, nein, nein, ich habe stets Kotbeutel bei mir.« Mir brach der Schweiß aus. Wie sollte ich Frau Wöhrl das begreiflich machen, was ich selbst nicht richtig fassen konnte. »Ich habe das im übertragenen Sinn gemeint«, stammelte ich.

Frau Wöhrl starrte mich an. Plötzlich schwammen ihre Augen in Tränen. Sie stürzte förmlich zu Boden und umarmte ihren Hund. Ich verstand überhaupt nichts mehr und wollte erklären, dass ich Frau Wöhrl einfach nur gebeten hatte, darüber nachzudenken, ob es im übertragenen Sinne Dinge gab, die ihr nicht guttaten, die sie aber trotzdem schluckte, zu sich nahm, zu nah an sich heranließ, wie auch immer. Kurz: Situationen, die »Scheiße« für sie waren.

Ruckartig stand Frau Wöhrl auf, kramte in ihrer Tasche, knallte einen Zwanzigeuroschein auf den Tisch und sagte mit erstickter Stimme: »Wir müssen jetzt gehen.« Sie war schon an der Tür, Lillys Leine straff gespannt.

»Frau Wöhrl, bitte …« Ich hielt ihr den Geldschein entgegen.

Sie nahm ihn nicht. »Komm, Lilly«, sagte sie und schleifte den Hund förmlich aus der Praxis.

Als die Tür ins Schloss fiel, sah ich, dass ihr der Zettel mit den Blutwerten aus der Tasche geglitten war, vermutlich als sie die zwanzig Euro herauszog. Ich hob ihn auf, doch es waren keine Blutwerte. Es war der Briefkopf der Schönklinik und die Bestätigung der Anmeldung zur Bulimie-Therapie von Frau Sonja Wöhrl.

Ich musste mich setzen.

»Frau Doktor?« Meine Arzthelferin Frau Sonntag stand in der Tür. »Alles in Ordnung? Was war denn mit der Frau Wöhrl los? Die ist rausgerauscht, als hätte sie den Teufel leibhaftig gesehen, äh … Entschuldigung, ich meine …«

»Bitte bringen Sie mir einen frankierten Umschlag«, bat ich sie.

»Kommt die Frau Wöhrl noch mal?«

»Ich glaube nicht«, sagte ich.

»Okay«, sagte Frau Sonntag, zögerte. »Soll ich den Nächsten reinbringen?«

»Warten Sie bitte noch kurz«, bat ich.

Ich brauchte fünf Minuten, ehe ich mich einigermaßen im Griff hatte. Wie hatte ich nur so entgleisen können, ja, das war es gewesen.

So etwas durfte mir nie wieder passieren! Egal, wie laut ein Tier um Hilfe rief. Ich musste sensibler vorgehen. Und ohne Auftrag würde ich keine Tipps mehr geben. Mittlerweile, Jahre später, spüre ich selbst sehr genau, wann ich was sagen kann.

Da ist der Wurm drin

Wie durch Zauberhand wechselte die Klientel in meiner Praxis. Es sprach sich herum, dass Frau Dr. Staffa Alternativen zur herkömmlichen Tiermedizin anbot, und immer mehr Menschen suchten genau das. Auch die Gesellschaft insgesamt veränderte sich. Haustiere wurden zu anerkannten Familienmitgliedern, und das wurde auch höchste Zeit. Viele Untersuchungen aus jüngster Vergangenheit belegen, dass sie fühlen wie wir Menschen. Die Vorstellung von reflex- und instinktgesteuerten Automaten mit Fell gehört auf den Müllhaufen der Geschichte. Säugetiere verspüren Emotionen wie Angst, Freude und Leid. In meiner Kindheit machte niemand ein Aufhebens davon, wenn ein Hund an der Kette gehalten, wenn eine Katze getreten wurde. Heute wird so etwas gesellschaftlich meistens nicht mehr toleriert. Es ist so ähnlich wie die Veränderungen im Umgang mit Kindern. Während ihre körperliche Züchtigung in Maßen früher vielerorts zum guten Erziehungsstil gehörte, ist sie heute ein Grund, das Jugendamt zu informieren.

In einem sanften Übergang erweiterte ich meine Therapien. Ich musste ausprobieren, wie weit meine Patienten diesen neuen Weg mit mir gingen, nachdem ich fünfzehn Jahre als klassische Tierärztin tätig war. Unzählige Tumoren hatte ich in dieser Zeit operiert, Krallen geschnitten, Impfungen vollzogen, Floh-Zecken-Prophylaxe verabreicht, Gliedmaßen verunfallter und krebskranker Katzen und Hunde amputiert, Durchfälle therapiert, epileptische Anfälle behandelt, Gehörgänge operativ erweitert, Zahnstein entfernt und Zähne gezogen, kastriert, Bissverletzungen behandelt und so weiter.

Das war mir alles in Fleisch und Blut übergegangen. Doch nun fing ich in gewisser Weise noch mal von vorne an. Ich belegte zahlreiche Kurse und absolvierte Fortbildungen für naturheilkundliche Therapien, las viele Bücher. Die Zeit war günstig, immer mehr Menschen interessierten sich für Alternativen zur Schulmedizin, zuerst bei Menschen und dann auch bei Tieren. Überall eröffneten physiotherapeutische Praxen für Tiere, es gab Osteopathie für Hunde und Katzen, Tierkommunikatoren, Führungskräfte sollten ihre Kompetenz bei Pferden unter Beweis stellen, einmal galten Heilsteine, dann Bernsteinhalsbänder als neuer Trend; über Bioresonanz und Wasserlaufbänder sowie orthopädische Matratzen für Hunde und Katzen wunderte sich keiner mehr. Der riesige, lukrative Markt wuchs und wuchs. Für ihre Haustiere greifen die meisten Menschen tiefer in die Tasche als für sich selbst. Gerade Rentner sparen sich die Behandlung ihrer lieben Gefährten manchmal vom Munde ab. So ist mir ein älterer Herr in Erinnerung, dessen Katze ich wegen eines Hautproblems oft untersuchte. Bis er mir eines Tages anvertraute, dass er selbst seit Tagen von Kartoffeln mit Quark lebte – um seine Rechnungen bezahlen zu können. Eigentlich hatte er mich in meiner Eigenschaft als Mutter nach abwechslungsreichen Kartoffelrezepten gefragt. Das erschütterte mich, und selbstverständlich fand ich eine Lösung, damit Mann und Katze behaglich satt wurden.

Die Fortbildungen beeinflussten meine Therapien, die meine Arbeit zuerst nur ergänzen sollten. Doch immer öfter hinterfragte ich nun meine herkömmlichen schulmedizinischen Empfehlungen, die ich gegeben hatte, weil ich sie im Studium der Tiermedizin so gelernt hatte. Zum Beispiel, dass Hunde alle drei Monate entwurmt werden müssen. Katzen sowieso. Aber wie ist das, wenn die Hunde draußen nichts fressen und die Katzen in der Wohnung leben? Soll man dann wirklich ein chemisches Wurmmittel auf Verdacht geben und den Organismus der Tiere dadurch stark belasten, wenn nicht schädigen? Keiner fragt ein Tier, ob es das will. Es kriegt die Tablette und basta. Die Tiere beschweren sich nicht bei uns. Stimmt nicht. Manche kotzen sich die Seele aus dem Leib oder erleiden andere Nebenwirkungen, einige wehren sich gegen Wurmkuren, spucken die Tabletten aus.

»Ich verstehe das nicht«, sagte ein Frauchen, deren Hund im Napf jedes Mal diese winzige Pille zurücklässt. »Der schlingt doch alles runter.«

Wie gehen wir damit um, wenn das Tier die Tablette nicht schlucken will? Wir sagen: Der weiß nicht, was ihm guttut. Wissen wir es denn? Und was wäre, wenn das Tier riechen könnte, dass ihm der Wirkstoff schadet? Wir finden Tricks, drücken die Tablette in Leberwurst und sind danach erleichtert, weil wir das Tier überlistet haben.

Zuweilen fragte ich mich, ob das richtig war. Nicht wenige Katzenbesitzer benötigten meine Hilfe, um ihrer Katze die Wurmkur zu verabreichen. Eines Tages fragte ich mich, ob ich der Katze damit nicht Gewalt antat. Wenn sie es nicht wollte. Wo beginnt die Verantwortung des Menschen, wo die des Tieres, und ist das Fürsorge oder Bevormundung?

Angesichts einer zunehmend sensibler reagierenden Gesellschaft auf Nebenwirkungen bei Medikamenten fehlte mir die diesbezügliche Achtsamkeit im Umgang mit den Tieren. Und ich verstand manchmal nicht, warum Patientenbesitzer, die ihre Tiere aufrichtig liebten, auf diesen heftigen Medikamenten beharrten. Eine Wurmkur ist Gift, da gibt es nichts zu beschönigen – und für eine fünfzehnjährige Wohnungskatze, die von Trockenfutter lebt und zwanzig Stunden am Tag schläft, nicht unbedingt nötig.

»Es ist wegen der Hygiene, Frau Doktor. Würmer sind so eklig.«

»Eine Wurmkur ist aber kein harmloses Vitaminpräparat.«

»Ja, ja. Hauptsache meine Mieze ist wieder schön sauber innen drin.«

»Bringen Sie mir drei Kotproben von aufeinander folgenden Tagen, dann sehen wir, ob überhaupt Würmer vorhanden sind«, schlug ich vor. Doch das wurde häufig zu umständlich empfunden, selbst wenn Hundebesitzer die Hinterlassenschaften ohnehin eintüteten; und wer zu Hause ein Katzenklo hat, für den ist die Kotprobe eigentlich ein Klacks. Letztlich führte ich diesen Widerstand mancher Menschen auf Unsicherheit zurück. Sie hatten einfach Angst, das Falsche zu tun – war ihnen nicht jahrelang, ja, auch von mir, eingetrichtert worden, wie wichtig das regelmäßige Entwurmen wäre? Aber siehe da: Wenn ich doch mal eine Kotprobe erhielt, zeigte es sich, dass die meisten Entwurmungskuren überflüssig gewesen wären. Davon abgesehen gibt es in der Naturheilkunde viele Möglichkeiten, Wurmkuren weniger schädlich durchzuführen. Man muss es nur wissen. Oder eben wollen. Zumal die Wurmkur ja nicht anhält. Wenn eine Katze am Montag eine Wurmtablette erhält und am Dienstag eine befallene Maus frisst, wäre am Mittwoch die nächste Wurmkur fällig. Es fragt sich also in manchen Fällen, ob wir die Tiere entwurmen oder unsere eigene Angst davor.

Ohne Frage können Würmer gefährlich werden. Und manchmal gibt es keine Alternative. Doch ich möchte darauf aufmerksam machen, dass wir unseren Tieren mit breit gestreuten Wurmkuren nicht breit gestreut Gutes tun. Wurmmittel sollen eingesetzt werden, wo sie nötig sind, nicht flächendeckend. Dafür sind sie zu schädlich für den Organismus. Es ist ein bisschen wie bei der Antibiotikatherapie für Menschen, die ja auch in die Kritik geraten ist, weil eben oft mit Kanonen auf Spatzen geschossen wurde. Ein Schnupfen ist in der Regel keine Indikation für ein Antibiotikum; die Nebenwirkungen übersteigen den Nutzen häufig bei weitem. Und dabei hatte ich in meiner Praxis einen so tollen Griff drauf! Die Katzen merkten gar nicht, was da vor sich ging. Zwanzig Jahre lang habe ich die Wurmmittel direkt in das Mäulchen gegeben. Mit der linken Hand fixierte ich den Kopf der Katze, mit dem rechten Mittelfinger schob ich den Unterkiefer nach unten, sodass sich der Mund öffnete. Dann nur noch die Pille in den Rachen fallen lassen, die ich zwischen rechtem Daumen und Zeigefinger hielt.

Aus die Maus!

Wurmkur mit Knoblauch nach Cäcilia Brendieck-Worm und Matthias F. Melzig in »Phytotherapie in der Tiermedizin«

Für Fleischfresser wie Hunde, Frettchen usw. 4g frischer Knoblauch als Tagesdosis; für Pferde: 20g als Tagesdosis. Auch bei Kaninchen mit Kokzidien kann eine Tagesdosis von 4g Knoblauch gegen innere Parasiten eingesetzt werden. Für Katzen ist Knoblauch jedoch nur eingeschränkt zu empfehlen. Eine wiederholte Gabe sollte nur nach strenger Indikation mit niedrigen Dosen und maximal jeden zweiten Tag erfolgen.

Nicht nur für meine Patientenbesitzer waren solche Überlegungen anstrengend. Auch ich selbst musste umdenken, weil ich mich nicht mehr hinter meinen Spritzen, Medikamenten und Gerätschaften verstecken konnte. In gewisser Weise zog ich den Arztkittel aus. Ich wurde berührbarer, ging in Resonanz mit meinen Patienten. Das ließ mich allerdings auch mehr Leid spüren und war nicht einfach. Vor allem wenn ich dieses Leid dann für ihre Menschen übersetzen wollte. Die ich ja wiederum nicht aus meiner Praxis vertreiben wollte, da sie mein Einkommen sicherten.

Ich machte mir Gedanken, wie ich alles unter einen Hut bekommen konnte. Heute habe ich meine Praxis vollständig auf Naturheilkunde umgestellt. Doch zu Beginn glaubte ich, es wäre möglich, Schulmedizin und Naturheilkunde nebeneinander zu praktizieren – und geriet regelmäßig in eine Zwickmühle. Medikamente, die ich früher einfach ausgehändigt hatte, erklärte ich nun ausführlich und stellte Alternativen zur Diskussion. Das dauerte natürlich länger. Auch die Zeit, in der ich nach einer Konsultation über die Beziehung zwischen Mensch und Tier nachdachte, konnte ich nicht honorieren lassen. Aber alles, was wir mit Liebe tun, schenkt einem auch viel Kraft. Und genauso wollte ich es. Rundum war ich glücklich mit der Entwicklung, ich liebte es, nachzudenken und gewissen Gesetzmäßigkeiten auf die Spur zu kommen. Ich bin davon überzeugt, dass auf dem Weg zur Wahrheit unendliche Energien freigesetzt werden. Aber ich wollte meine Kunden keineswegs beeinflussen. Ich wollte ihnen die Lage so objektiv wie möglich darlegen. Letztlich entschieden sie – ich versuchte lediglich herauszufinden, womit ich ihnen am meisten dienen konnte. Die einen wollten eine Impfung und basta, andere legten Wert auf Aufklärung, wieder andere waren offen für Alternativen. Ich hörte genau hin, auch auf den Tonfall.

»Da müssen Sie bestimmt röntgen, oder?«, vermutete jemand.

»Nein«, sagte ich, weil ich ein Zögern spürte.

»Das muss geröntgt werden«, sagte ein anderer Patientenbesitzer, und es war klar, dass er das Röntgenbild für seine eigene Sicherheit benötigte. Also röntgte ich, wenngleich mir mein Tastbefund bereits Aufschluss gegeben hatte. Ich nahm die Ängste des Menschen wahr und reagierte darauf. Wenn das Röntgenbild, das meine Diagnose bestätigte, ihn beruhigte, würde es auch sein Tier beruhigen und dann wiederum ihn. Alles ist miteinander verbunden.

Je mehr ich naturheilkundlich arbeitete, desto ausführlicher wurden meine Anamnesen, jede Information war nun wichtig für mich, besonders auch aus dem Umfeld, ich dachte nicht mehr in Symptomen, sondern systemisch. Ich fragte auch nicht mehr nur, wann etwas zum ersten Mal aufgetreten war, sondern auch nach Zusammenhängen. Manchmal reagierten die Menschen darauf regelrecht dankbar, weil sie sich selbst schon Gedanken gemacht hatten, anderen musste ich ein wenig auf die Sprünge helfen, und wieder andere wollten sich nicht auf so etwas einlassen. Ich drängte sie nicht. Und genau dadurch geschah es oft, dass sie sich dann doch noch öffneten – vielleicht auch erst beim nächsten Termin.

Ich konnte nun sozusagen zwischen zwei Programmen wählen. Einmal der normale Praxisablauf – Alltag der Tierärztin – und die tiefergehende Anamnese. Es war mir bei beiden ein zunehmendes Anliegen, die Patientenbesitzer miteinzubeziehen. Ich wollte die Verantwortung in die Hände der Tierbesitzer zurückgeben, auch wenn sie zuerst ein bisschen Scheu davor hatten. Doch letztlich fühlten sie sich besser damit, Verantwortung für ihr Liebstes zu übernehmen, das sehe ich bis heute in meiner Praxis.

Manche Menschen schneiden sich regelrecht ab vom Leid ihres Tieres. Solange der Liebling fit ist, verhätscheln sie ihn. Erkrankt er, wenden sie sich ab. Das ist bitter, und oft habe ich gesehen, dass diese Menschen auch für sich selbst wenig Mitgefühl zeigen. Ich hörte auch damit auf, meine Patienten routinemäßig zu Kontrollen einzubestellen. Früher hatte ich nach Augenentzündungen und der Gabe entzündungshemmender Tropfen einen Kontrolltermin vereinbart. Nun sagte ich. »Schauen Sie sich die Augen an, und wenn alles in Ordnung ist, brauchen Sie nicht noch mal zu kommen.«

»Woran merke ich, dass alles in Ordnung ist?«, fragten unsichere Menschen.

»Wer kennt Ihr Tier besser als Sie?«, fragte ich zurück. Manche meiner Kunden waren dann regelrecht erleichtert. Andere wollten lieber gleich einen Kontrolltermin, »zur Sicherheit«.

Auch wenn ich deutlich weniger verdiente, so spürte ich doch mit jeder Faser meines Körpers, dass dies der richtige Weg war. Ich hatte mir einen unendlichen Reichtum erschlossen, der nicht mit Geld aufzuwiegen ist, und wollte weiterhin mein Herz öffnen für die Menschen und die Tiere in meiner Praxis. Darauf konzentrierte ich mich so sehr, dass ich manch anderes übersah – ein bekannter Anfängerfehler!

Auf dem Schirm

Unvergessen ist mir ein heißer Nachmittag im August. Ich hatte einen Handwerkerbetrieb beauftragt, den Eingang zu meiner Praxis mit Natursteinplatten zu gestalten. Seit ich geschieden war, baute ich meine Umgebung um, wie es mir gefiel. Eine meiner ersten Aktionen, als mein Mann ausgezogen war, betraf den Kamin, den ich mir immer gewünscht hatte. »Geht nicht«, hatte mein Mann stets gesagt.

»Geht schon, wird aber aufwendig«, sagte der Ofensetzer, den ich um ein Angebot bat.

Es war mein Leben und mein Haus, und es ist herrlich, am Ofen zu sitzen und ins Feuer zu schauen! Als ich später in ein kleineres Haus umzog, begann ich damit, das Holz für den dortigen Kachelofen selbst zu hacken, oft sammle ich es im Wald. Das ist ganz wunderbar, und die tiefe Verbundenheit mit dem Wald glüht weiter in mir.

Ich brauche wenig, ich kaufe wenig, doch was mich umgibt, soll wirklich schön sein. Mein Vater schüttelte seinerzeit manchmal den Kopf, schließlich waren unsere Praxen noch in einem Gebäude untergebracht, doch er ließ mich machen und sagte nichts zu meinem neuen Design – licht und leicht. Ich hatte auch zu malen begonnen und hängte Bilder von strahlenden Sonnen auf. Meine Sonnenallergie war restlos verschwunden, seit meiner Scheidung bekam ich keinen Juckreiz mehr im hellen Licht.

Nach und nach entfernte ich alles, was Angst machte. Pharmaunternehmen stellen Tierärzten überdimensionierte Modelle zur Verfügung. Zum Beispiel handballgroße Zeckenfiguren – damit die Patientenbesitzer fleißig Prophylaxe kaufen? Für manche Kunden war es jedoch auch hilfreich, überhaupt mal zu sehen, wie eine Zecke aussieht. Hin und wieder wurde nämlich eine Warze für eine gehalten. Am Modell konnte ich zeigen, dass eine Warze keinen

Saugapparat hat, und wenn man sich mal mit so einem Blutsauger beschäftigt, kann man gegebenenfalls auch für sein eigenes Leben recht interessante Schlüsse ziehen. Ich versuchte, Angst gegen Liebe zu tauschen, sie ist ihr Gegenpol. Ohne Romane zu erzählen, wies ich meine Kunden auf die Nachteile einer Zeckenprophylaxe hin – und musste anfangs aufpassen, nicht selbst ein Opfer der Angst zu werden, deren Schreckgespenster so aussahen, dass ich meine Kunden verlieren würde. Doch das geschah nie, im Gegenteil. Oft kam es mir so vor, als wären zumindest manche Menschen froh über die Veränderungen in meiner Praxis. Ich redete nun auch weniger von Gefahren und mehr von den Selbstheilungskräften der Natur.

Seit der Trennung von meinem Ehemann las ich viel und bei den humanistischen Philosophen fand ich Wörter für meine Empfindungen. Immer wieder stieß ich auf den Begriff der Verantwortung, und der erscheint mir auch zentral wichtig, wenn wir Entscheidungen für – oder gegen – unsere Haustiere treffen. Es ist ja nur ein Hund, eine Katze? Nein, es ist ein Lebewesen, für dessen Wohlergehen wir sorgen. Wer dem Hund aus Bequemlichkeit irgendeine Tablette gibt, schadet in übertragenem Sinne nicht nur dem Tier, sondern auch sich selbst; alles ist miteinander verbunden, und am innigsten sind wir mit den Geschöpfen verbunden, die wir lieben. Was mich betrifft, glaube ich an die bedingungslose Liebe, und die fragt nicht danach, wie nah mir jemand ist … Aber das ist gelegentlich ein steiniger Weg. Manchmal müssen wir zuerst einmal lernen, dass wir das dürfen. Wir können uns selbst ermächtigen, Verantwortung für uns zu übernehmen … Ich habe Macht über mein eigenes Leben! … Aber so was geschieht natürlich nicht über Nacht.

In brütender Hitze wuchtete der Pflasterer die schweren Granitplatten herum. Ich nahm ihn aus den Augenwinkeln wahr, nickte ihm wohl auch kurz zu, doch ich kümmerte mich nicht um ihn, er war schließlich kein Patient, und ich hatte andere Dinge im Kopf. Es war mein Vater, der dem Mann Wasser brachte und einen Sonnenschirm für ihn aufspannte. Beschämt bedankte ich mich bei ihm. Ich hatte den Pflasterer gerade mal registriert als jemanden, der seinen Job machte. So etwas sollte nicht mehr vorkommen. Aber ich stand ja noch ganz am Anfang meines neuen Lebens. Ich wollte mein Herz öffnen für alle. Nach und nach sah ich die Menschen, die zu mir kamen, in einem anderen Licht: als liebende Wesen, die sich um ihre Tiere sorgten. Sie brachten ihre eigenen Ängste und Probleme und Kümmernisse mit, manchmal waren diese auf ihre Tiere übergesprungen. Ich erinnere mich an den alten Mann mit wenigen Zähnen und schmuddeligen Arbeitsklamotten, der auch nicht gut roch. Doch seinen Dackel liebte er aus vollstem Herzen, und das spürte ich. Wie sagt der kleine Prinz: Man sieht nur mit dem Herzen gut … Ja, ich möchte gern mit meinem Herzen sehen, mich nicht von Äußerlichkeiten in die Irre führen lassen.

Heute gebe ich acht auf meine Umgebung und spendiere Handwerkern gern ein Eis, verschenke Obst und Gemüse aus meinem Garten. Aber heute lebe ich auch bewusster. Ich habe aufgehört zu funktionieren. Das engt nämlich das Blickfeld ein und letztlich auch das Herz.

Willi, Milli und die Blutsauger

Mit einer kleinen Autowerkstatt hatte das Ehepaar nach der Wende begonnen. Heute besaßen die Neumanns ein großes Autohaus. Rund fünfzig Mitarbeiter waren für sie tätig. Eine Erfolgsgeschichte? So hatten sie es viele Jahre lang gesehen. Doch wenn sie zu mir kamen, um ihre beiden Doggen, die alle paar Jahre ausgetauscht wurden und immer dieselben Namen trugen, nämlich Milli und Willi, impfen zu lassen oder eine Wurmkur, ein Flohmittel abzuholen, klagten sie, dass sie gar keine Zeit für die Hunde hätten. Womit sie meinten: für sich. Nun hatten sie sich losgerissen und waren für drei Tage in einen Kurzurlaub gefahren. Und da war es passiert. Am zweiten Abend hatte Frau Neumann etwas Bräunliches auf Willi hüpfen sehen.

»Nein, zuerst haben wir es bei Milli entdeckt.«

»Nein, bei Willi.«

»Lassen Sie mich raten«, schmunzelte ich. »Am Ende hatten es beide?«

Neumanns nickten. Sie waren sofort zu einem Tierarzt am Ferienort gefahren, der hatte den Doggen ein Antiparasitikum verabreicht. Drei Stunden danach hatte Willi unstillbaren Juckreiz. »Ich dachte, der kratzt sich das Fell in Fetzen.« Und Milli Durchfall. »Auf den weißen Teppich in unserer Suite. Das erste Mal im Leben, dass wir uns so was geleistet haben.«

Das kinderlose Ehepaar fuhr abermals zu dem Tierarzt und bekam Gegenmittel. Für Willi ein Medikament gegen Hautausschlag und für Milli eins gegen Durchfall. Während Milli am nächsten Morgen wohlauf war, entleerte sich nun Willi auf den Teppich. Flüssig. Also noch mal zum Tierarzt und für beide Hunde eine Spritze. »Er hat gesagt, es könnte was Ansteckendes sein«, erzählte mir Frau Neumann.

»Und wie ist es jetzt?«, fragte ich.

»Eigentlich ganz gut. Aber beide sind irgendwie schlapp. Und deswegen sind wir jetzt hier.«

Ich untersuchte Milli und Willi, konnte aber keine Schlappheit an ihnen feststellen, sie waren wie immer. Da kam mir der Verdacht, ob sich vielleicht Herr und Frau Neumann schlapp fühlten. Auf die richtige Fährte brachte mich schließlich Herr Neumann, der sich darüber ausließ, warum die beiden Doggen ausgerechnet im Urlaub krank werden mussten.

»Also krank waren sie eigentlich nicht«, korrigierte ich. »Ein Floh ist keine Krankheit.«

»Diese kleinen Blutsauger haben uns alles vermasselt«, stieß Frau Neumann in das gleiche Horn wie ihr Mann. »Ein einziges Mal, wenn wir uns so was gönnen. Wissen Sie, wann wir das letzte

Mal im Urlaub waren? Wir können nie weg, immer ist irgendwas. Nicht mal den Sonntag haben wir für uns, und am Samstag haben wir sowieso geöffnet.«

Das Wort Blutsauger ließ mich nicht mehr los. Denn war das Autohaus der Neumanns nicht auch eine Art Blutsauger? Und dass der Floh im Urlaub entdeckt wurde, war die einzige Möglichkeit, um die Neumanns wirklich aufzurütteln. Nicht dass ich glaube, Milli und Willi hätten beratschlagt, wie sie Herrchen und Frauchen auf ihre kräftezehrende Lebensart hinweisen könnten. Aber irgendwie lief es auf so etwas hinaus, indem die Neumanns das entsprechend hätten deuten können. Diese Gedanken behielt ich für mich und antwortete lieber auf die konkrete Frage.

»Und woher kam das jetzt so plötzlich?«, fragte mich Herr Neumann. »Wollten die zwei nicht in den Urlaub und haben sie deshalb den Floh aufgeschnappt? Es heißt doch immer, Hunde sind Gewohnheitstiere.«

»Sie haben beide ihre Flohhalsbänder getragen!«, warf Frau Neumann ein.

»Ja, Ursel, aber wir haben doch schon besprochen, dass wir die mal hätten erneuern müssen«, erinnerte Herr Neumann seine Frau. Flohhalsbänder setzen ihren Wirkstoff nur über einen begrenzten Zeitraum frei.

»Ich glaube«, sagte ich, »dass Willi und Milli allergisch auf das Antiparasitikum reagiert haben. Bei Katzen habe ich nach der Gabe von Floh-Zecken-Mittel durchaus Nierenfunktionsstörungen erlebt. Es sind chemische Keulen, Nervengifte!«

»Aber was hätten wir denn machen sollen?«, fragte Frau Neumann.

»Flohkamm«, grinste ihr Mann

»Das wäre eine Möglichkeit«, sagte ich. »Aber so kriegen Sie die Eier nicht. Eine natürliche Ernährung mit Rohfutter würde dafür sorgen, dass die beiden gute eigene Abwehrkräfte ausbilden können. Und wenn es bereits zu einer Flohinvasion gekommen ist, gibt es naturheilkundliche Mittel wie beispielsweise sehr gute ätherische Öle, mit denen Sie Flöhe vertreiben können.«

Ich erzählte den Neumanns, dass ätherische Öle vor Parasiten und Krankheiten schützen. Sie werden seit Jahrtausenden in verschiedenen Kulturen genutzt. Im Jahr 1910 wurde die leistungsstarke Heilkraft von Ölen durch den französischen Chemiker René-Maurice Gattefossé sozusagen wiederentdeckt, als er versehentlich seine stark verbrannten Hände mit reinem Lavendelöl heilte. Ich schloss meinen kleinen Vortrag: »Ich habe mit ätherischen Ölen gute Erfahrungen bei der Zecken- und Flohabwehr gemacht, auch bei großen Hunden.«

»Da wäre ich auch sehr dafür«, nickte Frau Neumann. »Denn unsere letzten Willimillis, das wissen Sie ja, hatten am Ende Demenz. Meine Nichte meint, das kommt von Medikamenten. Die haben ja beide Schmerztabletten nehmen müssen wegen ihren Hüften.«

»Die liefen quasi auf den Felgen«, verdeutlichte Herr Neumann.

»In letzter Zeit haben Demenzerkrankungen bei Tieren in der Tat zugenommen«, bestätigte ich.

»Bei uns Menschen ja auch«, ergänzte Herr Neumann.

»Weil wir immer älter werden«, sagte seine Frau.

»Wenn wir so weiterarbeiten, dann bestimmt nicht.«

Ja, das klang nach einem Blutsauger.

»Da gibt es doch so eine Tablette«, begann Frau Neumann, und ich wusste sofort, worauf sie hinauswollte. Vor einigen Jahren kam eine sogenannte Wunderpille auf den Markt. Teuer, aber wirksam. Eine einzige Gabe sollte den Hund über einen längeren Zeitraum zeckenfrei halten. »Dann haben Sie das leidige Thema vom Tisch«, so hätte ich früher auch argumentiert. Heute würde ich diese Pille niemals empfehlen, sie ist extrem belastend für den Organismus. Aber ohne Frage ist sie sehr bequem für manche Halter. Doch ist es das, was wir wollen? Bequem, womöglich aber tödlich?

In meiner früheren Praxis hätte ich gar nicht die Zeit gehabt, mich in die Materie zu vertiefen. Es ging mir wie vielen Kolleginnen und Kollegen. Frauchen oder Herrchen fragen beim Tierarzt beispielsweise nach einer Zeckenprophylaxe. Oft haben sie etwas im Fernsehen gesehen oder in der Zeitung gelesen über die tödliche Gefahr der Blutsauger. Nur am Rande möchte ich vermerken, dass eine Zecke sich in ihrer Welt vermutlich nicht als Blutsauger definiert. Sie ist ein Insekt, das leben möchte und dazu den roten Saft benötigt. Zur Zeckenprophylaxe empfiehlt der Tierarzt nun das seiner Meinung nach wirksamste Mittel. Oft ist es das, womit er auch gut verdient. Natürlich möchte er seine Kunden ebenfalls zufriedenstellen. Sie sollen ja wiederkommen. Herrchen und Frauchen vertrauen dem Tierarzt. Er hat immer ein offenes Ohr für sie. Hat man gemeinsam eine Krise durchgestanden – eine schwere Erkrankung des Tieres –, ist der Tierarzt ihr Held und Retter. Vielleicht ist er sogar mal nachts zu einem Hausbesuch vorbeigekommen. Das bindet. Also wird die Tablette dankend genommen, bezahlt und in das Tier geschoben. Beipackzettel? Oft bekommt man gar keinen, sondern lose Tabletten. Und wer würde den auch lesen, wenn der Tierarzt des Vertrauens das Präparat empfohlen hat. Und so wird es weitergereicht: *Da Lumpi, das musst du jetzt nehmen. Der Herr Doktor hat gesagt, das hilft dir.*

Lumpi, jetzt stell dich nicht so an!

Bitte!

Lumpi, mach auf.

Schlucken!

Ach, jetzt hast du es schon wieder ausgespuckt, Lumpi, so geht das nicht!

Also noch mal von vorne. Sei mal ganz lieb, Lumpi!

»Frau Dr. Staffa, mein Lumpi will die Tablette nicht, kann ich vorbeikommen und Sie geben sie ihm?«

Früher hätte ich geraten: »Stecken Sie die Tablette in Leberwurst, Schmelzkäse oder Butter.«

Heute erkundige ich mich: »Was für eine Tablette ist das denn?« Ein Termin beim Tierarzt bedeutet für viele Menschen,

Verantwortung abzugeben. Aber als Tierärztin kann ich auch dazu anleiten, erst mal zur Ruhe zu kommen und in sich zu gehen: Gibt es etwas, das mir mein Tier mit seiner Befindlichkeit zeigen möchte? Was hat das mit mir zu tun? Tiere sprechen sehr wohl. Sie zeigen uns ganz genau, was sie brauchen. Es ist an uns, darauf zu reagieren, bevor sie Symptome ausbilden. Wenn wir nämlich vom guten Pfad für unser Leben abgewichen sind.

Ich führe oft Telefonate wie das folgende:

Sie sind mir empfohlen worden. Meine Freundin/Schwester/Kollegin hat gemeint, ich soll Sie mal fragen. Wegen meiner Katze, der Vivian. Weil die doch immer dünner wird. Bei der schlägt nichts an. Alles, was mir mein Tierarzt gegeben hat, hilft nicht. Aber bitte, der darf nicht wissen, dass ich Sie angerufen habe. Ich weiß auch nicht. Aber meine Freundin/Schwester/Kollegin hat gemeint, dass Sie vielleicht eine Idee haben könnten, was meiner Vivian fehlt …

Sehr oft werde ich gefragt, ob die Anruferin ihrem Tierarzt die Kontaktaufnahme mit mir beichten müsse. Es ist immer wieder erstaunlich, wie Menschen schrumpfen, sobald sie Angst haben, und die Angst um ihr Tier ist entsetzlich, eine Angst, die sie mit zu mir bringen. Ich kann sie deutlich spüren – und das Tier spürt sie auch, und das macht Stress. Manche Tierhalter sind schon allein davon überfordert, eine zweite Meinung einzuholen, als wäre das ein Verbrechen.

Dieses Verhalten ist auch ein Spiegel und könnte dem Menschen, der dafür offen ist, zeigen, dass er mehr Verantwortung übernehmen soll. Für sich selbst und für sein Haustier. Der bequeme Weg – Schweigen und Schlucken – ist nur am Anfang einfach. Aus Angst, das Falsche zu tun, wird das Falsche gemacht in dem Wunsch, in der Hoffnung, Sicherheit zu finden. Doch echte Sicherheit erreichen wir, wenn wir unsere Herzen öffnen und lauschen: Was brauche ich, was braucht mein liebes Tier?

Jeder Fall ist individuell. Ähnlich ist oft die unkritische Geste des Schluckens. So wie Menschen schweigen und schlucken, wenn sie ein Rezept bekommen vom Arzt, geben sie Rezepte vom Tierarzt an ihre Tiere weiter – und dann schlucken und schweigen die. Die Schulmedizin ist oft hilfreich und wunderbar. Doch ich wünsche mir mehr Achtsamkeit im Umgang mit Medikamenten und auch mit der Ernährung. Häufig brauchen wir Medikamente nämlich gar nicht, wenn wir unsere Gewohnheiten ändern. Bei Tieren kann eine Nahrungsumstellung die Wende zur Gesundheit bringen, und viele Symptome verschwinden wie von Zauberhand. Doch es ist fürsorgliche Menschenhand, die hilft.

Bitte blutig!

Die Magendrehung ist das Schreckgespenst vieler Freunde großer Hunde. In dieser akuten Krise hat man nicht viel Zeit, um das Leben des Tieres zu retten, was nur mit Hilfe eines operativen Eingriffs gelingt, bei dem der Magen in seine Ausgangslage zurückgedreht wird. Während meiner Ausbildung sah ich diverse Magendrehungen und operierte später in meiner eigenen Praxis auch einige solcher Notfälle. Alle traten nach der Aufnahme von Trockenfutter auf. Die meisten Hunde fressen nicht manierlich, und viele schlingen die Nahrung in sich hinein. Da dem Trockenfutter, wie der Name sagt, die Feuchtigkeit entzogen ist, und oft wird ihm Salz beigefügt, haben die Hunde Durst, was beabsichtigt ist. Sie sollen trinken, damit das Futter im Magen aufquillt, was dann auch zu einem Sättigungsgefühl führt. Wer seinen Hund mit Trockenfutter ernährt, hat vielleicht bei einem Erbrechen des Hundes schon einmal gesehen, wie groß die Teile werden können. Aus einem kleinen Trockenfuttertab ist da schnell ein Riesendrop geworden.

Viele solche aufgequollenen Riesendrops liegen dann im Hundemagen wie in einem Ballon. Deshalb sollte der Hund nach der Nahrungsaufnahme ruhen. In der freien Natur macht er das instinktiv, und zwar ausgiebig. Da werden keine tausend Schritte getan, Wölfe schlafen sechs bis acht Stunden, nachdem sie sich den Bauch vollgeschlagen haben. Doch viele Menschen glauben, dass ein Hund nach der Nahrungsaufnahme Bewegung und Gelegenheit zum Kotabsatz bräuchte. Denn ist es nicht beim Menschen genauso? Kaum gefrühstückt, schon muss man zur Toilette. Aber wir sind keine Hunde und Hunde sind keine Menschen! Die Zweibeiner- unterscheidet sich von der Vierbeiner-Verdauung! So findet ein Großteil der Verdauung einer Fleischmahlzeit beim Hund im Magen statt. Hier liegt das Futter dann rund vier Stunden. Das ist gut zu wissen, wenn der Hund mal etwas Gefährliches aufgenommen hat – Rattengift, Schneckenkorn, Reißzwecken. Dann kann nämlich mit einem ärztlich verabreichten Mittel Erbrechen ausgelöst werden, und alles kommt wieder raus. Ich habe ein solches Brechmittel öfter verabreicht und konnte damit Leben retten. Die lange Verweildauer im Magen erklärt auch, warum der Hund nach einer Mahlzeit ruhen soll. Wenn wir nach seiner Fütterung mit unserem Hund spazieren gehen, trifft er vielleicht Kumpels, er springt, er tobt oder wälzt sich genüsslich – und das mit Dutzenden von aufgequollenen Drops in seinem Ballonmagen. Das ist gefährlich, lebensgefährlich! Und da hechelt er schon und winselt, er jault, er will erbrechen und kann nicht. Das ist eine absolute Notsituation, der Magen ist um 180 oder gar 360 Grad gedreht, die Speiseröhre abgetrennt, Blutgefäße sind blockiert, und das alles bereitet höllische Schmerzen. Ohne Operation, bei der man den Bauch aufschneidet und den Magen zuerst richtig lagert, dann mit einem Schlauch spült und schließlich wieder zunäht, droht der Tod.

Um diese Gefahr zu vermeiden, plädieren viele meiner Kolleginnen und Kollegen für Feuchtfutter. Außerdem raten sie, Hunde zweimal täglich zu füttern, da so die aufgenommene Menge kleiner ist. Ich bin da anderer Meinung. Bei der Ernährung ist es wie bei uns Menschen. Jeder schwört auf irgendetwas, und es entbrennen hitzige Diskussionen. Ich möchte niemanden bekehren, doch meine Empfehlung ist ganz klar, dass in Hunde- und Katzennäpfe Frischfleisch gehört. Wer die Verantwortung für ein Tier übernimmt, sollte es artgerecht ernähren, auch wenn das für Herrchen und Frauchen, die vegan und vegetarisch leben, schwierig sein mag.

Die Ernährung spielt eine wichtige und entscheidende Rolle für die Gesundheit unserer Tiere. Mit der richtigen Ernährung können viele sogenannte Zivilisationskrankheiten, die heute auch vermehrt bei unseren Hunden und Katzen auftreten, vermieden werden – Diabetes mellitus, Herz-Kreislauf-Erkrankungen, Krebs und Erkrankungen des Bewegungsapparates. Hunde sind keine reinen Fleischfresser, sie nehmen gern auch Gräser, Beeren, Obst, Wurzeln und Kräuter auf. Wichtig für eine ausgewogene Ernährung ist eine möglichst breite Futterpalette. Nachfolgend nur eine kurze Richtlinie – über Ernährung kann man ganze Bücher schreiben! Es gibt auch schon einige – ich empfehle gern die von Swanie Simon.

Gesunde Ernährung für Hunde:

» Für eine Futterration rechnet man circa 1,5 Prozent des Körpergewichtes des Hundes. Dies wird dann auf circa siebzig Prozent Fleisch und circa dreißig Prozent Obst/Gemüse aufgeteilt.

» Das heißt für einen Hund mit zehn Kilogramm Körpergewicht: circa 150 g gesamt, davon circa 105 g Fleisch und 45 g Obst/Gemüse

» Bei zwanzig Kilogramm Körpergewicht: circa 300 g gesamt, davon circa 210 g Fleisch und 90 g Obst/Gemüse

» Bei dreißig Kilogramm Körpergewicht: circa 450 g gesamt, davon circa 315 g Fleisch und 135 g Obst/Gemüse

» Bei vierzig Kilogramm Körpergewicht: circa 600 g gesamt, davon circa 420 g Fleisch und 180 g Obst/Gemüse.

Da jeder Hund sein Futter anders verstoffwechselt, sollte man den Hund in der Zeit der Futterumstellung gut beobachten und zur Kontrolle wiegen. Sollte der Hund abnehmen, kann die Ration erhöht werden, bei unerwünschter Zunahme wird die Menge verringert.

Bei Welpen rechnet man circa vier Prozent des aktuellen Körpergewichts. Ein Hund im Wachstum sollte regelmäßig gewogen und seine Futterration angepasst werden.

Der Fleischanteil setzt sich aus vierzig bis fünfzig Prozent Muskelfleisch zusammen, dreißig Prozent Knochen und Knorpel, zehn bis fünfzehn Prozent Innereien, zehn bis fünfzehn Prozent Magen und -inhalt und das möglichst von verschiedenen Tieren wie Rind, Geflügel, Lamm, Ziege, Kaninchen, Wild, Fisch.

Was Obst und Gemüse betrifft, kann so ziemlich alles angeboten werden, zum Beispiel verschiedene Salate, auch Löwenzahn und Gras, Kräuter, Spinat, Grünkohl, Apfel, Birne, Banane, Beeren, Karotte, Sellerie, Pastinake, rote und gelbe Paprika, Gurke, Zucchini.

Obst und Gemüse sollten möglichst saisonal und aus regionalem biologischem Anbau stammen. Damit Ihr Hund den Grünanteil im Futter besser verwerten kann, empfiehlt es sich, ihn mit etwas Wasser im Mixer zu pürieren und dann unters Futter zu mischen. Das hilft auch, wenn er zuerst mal skeptisch auf so viel Grün reagiert.

Zuletzt geben Sie noch etwas hochwertiges Öl – Wildlachs-, Oliven-, Lein- oder Hanföl – dazu.

Ein erwachsener Hund sollte meiner Meinung nach einmal am Tag Futter bekommen. Idealerweise abends, weil er danach sechs bis acht Stunden ruhen sollte. Günstig für Gesundheit und Wohlbefinden wirkt sich ein Fastentag pro Woche aus, wie es ja auch gerade bei Menschen modern ist – Stichwort Intervallfasten.

Die Umstellung auf frisches Futter verläuft meistens unproblematisch. Die meisten Hunde und Katzen nehmen das neue Futter gern an und schlecken ihren Napf aus bis zum letzten Krümel. Manche Hunde, die jahrelang mit Trocken- und/oder Dosenfutter ernährt wurden, brauchen manchmal eine längere Umstellphase. Am besten ist es, eine kleine Ration rohes Futter unter das gewohnte Futter zu mischen und den Anteil langsam zu erhöhen, bis das Trocken- und/

oder Dosenfutter gänzlich weggelassen werden kann. Zu Beginn der Umstellung kann das Tier etwas weicheren Kot oder auch Durchfall haben, dies normalisiert sich in der Regel schnell. Meistens gibt es keine Probleme, und man kann gleich komplett umstellen.

Gesunde Ernährung für Katzen:

Für eine Tagesration rechnet man 25 bis 30 g Fleisch, Innereien und Knochen pro Kilogramm Körpergewicht der ausgewachsenen Katze. Dazu kommt der Grünanteil. Das heißt für eine Katze mit

» Zwei Kilogramm Körpergewicht: 50 bis 60 g, plus etwas Grün
» Drei Kilogramm Körpergewicht: 75 bis 90 g plus etwas Grün
» Vier Kilogramm Körpergewicht: 100 bis 120 g plus etwas Grün
» Fünf Kilogramm Körpergewicht 125 bis 150 g plus etwas Grün

Die tatsächlich benötigte Fleischmenge hängt jedoch ganz individuell von der jeweiligen Katze ab. Es empfiehlt sich also in der Umstellung, die Katze zu wiegen, damit Sie die Rationen eventuell anpassen können.

Katzen brauchen nur kleine Portionen. Sie können die wöchentliche Ration also vermengen – alle Zutaten wie Fleisch, Knochen, Innereien und Grünanteil sowie etwas Öl – und portionsweise einfrieren.

Der kleine Prinz und die große Salami

Frau Braun war verzweifelt. Ihr Prinz, der kleine einjährige Mischlingshund vom Tierschutz, erbrach sich nach jeder Mahlzeit. »Egal, was ich ihm gebe, ob roh oder gekocht, Dose oder Trockenfutter, er isst, dann hört er auf, dann isst er weiter, und dann bricht er alles wieder raus.«

Frau Braun war circa sechzig Jahre alt und sehr korpulent. Die dicke Frau und der zierliche Hund bildeten ein kurioses Paar. In Prinz steckte vermutlich etwas Rehpinscher, und auch einen Dackel glaubte ich zu erkennen. Für Frau Braun war er der schönste Hund der Welt, wie sie mir versicherte.

»Ich habe ihn erst seit drei Monaten, Frau Doktor. Aber ich würde alles für ihn tun. So eng ist er mir ans Herz gewachsen, mein kleiner Prinz.«

Ich fragte ab, womit und wann Prinz gefüttert wurde, und staunte nicht schlecht. Fünfmal am Tag bekam der kleine Hund einen Napf vorgesetzt.

»Er muss ja noch wachsen«, rechtfertigte sich Frau Braun.

»Er ist kein Welpe mehr.«

»Ich hab ihn halt so gern.«

»Kriegt er denn zwischendurch auch Leckerchen?«

Frau Braun strahlte. »Selbstverständlich! Am liebsten mag er Salami.«

»So, Salami.«

»Ja.«

»Und wie viel geben Sie ihm da?«

»Ach, das darf er selber entscheiden. Ich lege ihm die ganze Wurst in sein Körbchen.«

»Die ganze Wurst?«

»Ja. Das wär doch sonst gemein, oder?«

»Und wie groß ist die Salami?«

Frau Braun zeigte mir ein Maß, das länger war als der kleine Prinz.

»Und die frisst er ganz?«

»Nein!«, rief sie. »Ich muss ihm schon gut zureden, damit er dran knabbert. Er ist ja so vornehm, wissen Sie, ganz feine Manieren hat mein kleiner Prinz.«

»Sie müssen ihn also zum Fressen anhalten?«

»Ja, er ist ja ein schlechter Esser. Ich gebe oft Butter obendrauf oder hoble Parmesan drüber. Sonst lässt er alles stehen.«

Jetzt wusste ich, woran der kleine Prinz litt.

»Essen ist wichtig für Sie, stimmt das, Frau Braun?«, erkundigte ich mich.

»Aber sicher! Essen hält Leib und Seele zusammen. Und wissen Sie, der kleine Kerl hat so einen schlechten Start ins Leben gehabt.«

»Kennen Sie so etwas auch?«, fragte ich ganz allgemein.

Frau Braun seufzte schwer. Ihr großer Busen hob sich bis zum Doppelkinn. »Ach ja. Aber meine Oma hat mir immer was zugesteckt. Liebe geht nämlich durch den Magen«, nahm sie Zuflucht zum nächsten Sprichwort.

Die gute Frau verwechselte Essen mit Liebe. Sicher machte es ihr große Freude, den kleinen Prinz zu verwöhnen. Aber der konnte nicht mehr. Sein kleiner Magen war überfordert von den Massen an Liebe, die Frau Braun in ihn hineinstopfen wollte. Er gab sich Mühe, seiner Retterin zu gefallen, versuchte verzweifelt, der Nahrung Herr zu werden, doch er schaffte es nicht – und erbrach sich. Eigentlich war er ein unfreiwilliger Bulimiker.

Ich fragte Frau Braun, wie sie ihre Liebe außer mit Essen zeigen könnte. Lang schwieg sie. Dann sagte sie leise. »Das ist auch meine Lieblingssalami.«

»Der kleine Prinz ist aber kein Mensch, Frau Braun«, sagte ich sanft. »Der mag andere Sachen.«

»Sie meinen Innereien, oder? Also die esse ich auch gern. Leber zum Beispiel. Mit Apfel. Lecker.«

Frau Braun war in der Tat ein schwerer Fall.

»Was halten Sie davon, wenn Sie einmal zu einem meiner Ernährungsvorträge kommen?«, fragte ich sie.

»Ja, für Essen interessiere ich mich immer, da komme ich gern«, sagte sie.

Ein Jahr und drei Ernährungsvorträge später kam Frau Braun erneut zu mir in die Praxis. Sie war noch immer sehr korpulent, doch ich erfuhr, dass sie zehn Kilo abgenommen hatte. Sie hatte eine andere Möglichkeit gefunden, dem kleinen Prinz ihre große Liebe zu zeigen, indem sie sich sogar selbst überwand. Sie hasste Sport, doch sie hatte sich in einem Hundeverein angemeldet und praktizierte nun zweimal wöchentlich Obedience mit dem kleinen Prinz, ein hundesportliches Gehorsamkeitstraining. Das gefiel ihm richtig gut, und er war der Star im Team. Keiner schaffte den Parcours so schnell wie er. »Da komm ich manchmal richtig außer Atem«, erzählte Frau Braun mir. »Zur Belohnung kriegt er dann Tatar. Da spare ich nicht. Er bekommt nur das Beste, aber in Maßen, wie ich es bei Ihnen gelernt habe. Und ich selbst achte auch mehr auf die Qualität meiner Nahrung. Denn was man oben reinfüllt, kommt unten wieder raus, wie Sie es gesagt haben, Frau Doktor.«

Nun, so hatte ich das zwar nicht gesagt, aber egal. Es war etwas an Nährstoffen hängengeblieben, und darauf kommt es an.

Alarmsignale

Meine neuen Behandlungsmethoden waren eine Herausforderung für mich. Ich musste viel mehr erklären und auch meine neue Sichtweise darlegen. Doch dann geschah sehr oft etwas Wundervolles. Die Menschen öffneten ihre Herzen und erzählten mir viel mehr als früher. So konnten wir uns gemeinsam auf die Suche nach Gründen für die Erkrankung ihres Tieres begeben. Diese neue Offenheit und Arbeitsweise beglückte mich zutiefst. Ich wurde immer heimischer in der Naturheilkunde und der ganzheitlichen Medizin und konnte mir nicht vorstellen, in die Schulmedizin zurückzukehren.

Doch gewiss waren einige Frauchen und Herrchen irritiert. Herr Wahls Kater Fridolin hatte Fieber, und Herr Wahl wollte, dass ich ein fiebersenkendes Mittel verabreichte.

»Fieber ist eine gesunde Reaktion des Körpers auf einen Angreifer«, erklärte ich. »Ich bin dafür, dass wir zwei Tage warten und das Fieber seine Arbeit tun lassen.«

»Aber können Sie wenigstens mal Blut abnehmen?«, bat er mich.

Für viele Menschen ist es vor allem wichtig, dass etwas getan wird. Und manche fühlen sich umso wohler, je mehr Technik zum Einsatz kommt. Denn erhält die Krankheit dann nicht die maximale Aufmerksamkeit? Ich befürchte, das Gegenteil ist der Fall.

Man kennt das aus der Humanmedizin. Häufig sind Ärzte mehr mit ihren Bildschirmen und Gerätschaften beschäftigt als mit den Patienten. Das fängt schon damit an, dass sie sich während der Anamnese auf ihren Computer und das Abrechnungssystem konzentrieren. Sie schauen dem Patienten kaum in die Augen, aber auf ihre Tastatur. Dann wird der Patient an ein Gerät angestöpselt oder bekommt einen Überweisungsschein zu einer großen Untersuchung. Kernspin, Ultraschall und so weiter. Als sei der Körper eine Maschine mit einem Fehler, der von einem Diagnosegerät wie in einer Autowerkstatt gefunden werden müsste. Schließlich wird ein Rezept ausgespuckt, auf dem steht, was gemacht werden soll und fertig. Ja, im wahrsten Sinne des Wortes fertig. Auch Tierärzte befinden sich in diesem Dilemma, wenn die Patienten zunehmend auf Geräte setzen. Das entfernt sie noch mehr von ihrem Gespür fürs Tier. Denn wer, wenn nicht sein Mensch, kennt das Tier am besten? Aber kennen wir es wirklich? Oder glauben wir das nur? Und inwiefern kennen wir uns selbst? Nur wenn wir mit uns selbst sensibel und achtsam umgehen, gelingt das auch mit unseren Tieren.

Als ich schließlich meine Praxis verkaufte, schaffte meine Nachfolgerin als erstes einige neue Apparate an. Ich hatte mich in letzter Zeit von immer mehr Geräten verabschiedet, denn sie lenkten mich ab vom für mich Wesentlichen: meinem Blick für die Patienten und ihre Menschen, meinem offenen Herzen, meiner Intuition – gekoppelt mit meiner langjährigen Erfahrung. Das ist jetzt mein Weg.

Der Einsatz von Diagnosetechnik vermittelt vielen Menschen Sicherheit. Doch es ist eine Scheinsicherheit, und sie verführt dazu, immer mehr Patienten in immer kürzerer Zeit »durchzuschleusen«. Man muss die Geräte ja auch bezahlen, also mehr Umsatz machen, und die Geräte sollen sich rentieren, also so oft wie möglich zum Einsatz kommen. Auch an Medikamenten halten sich viele Menschen buchstäblich fest. Sie vertrauen ihren eigenen Selbstheilungskräften nicht. Nur mit einem Medikament fühlen sie sich sicher. Darum geht es letztlich: um die Sicherheit. Die tiefe Gewissheit, dass der Köper gesund sein möchte und alles dafür tun wird, die Gesundheit zu erhalten. Die Kunst der Heilung besteht darin, die Selbstheilungskräfte zu aktivieren.

Es gibt Untersuchungen, die belegen, dass bereits die Laune einer Sprechstundenhilfe etwas dazu beitragen kann, ob ein Medikament, das der Arzt verschreibt, wirkt oder nicht. Letztlich geht es immer darum, die Selbstheilungskräfte eines Lebewesens zu aktivieren. Wie das funktioniert, darüber wissen wir noch viel zu wenig. Aber unsere eigene Überzeugung ist der Schlüssel zur Gesundheit, und es gibt keine größere Heilkraft als die Liebe.

Einige Zeit vor meiner tierärztlichen Wende hatte ich mir einen neuen Kapnographen zur Narkoseüberwachung des Sauerstoffpartialdrucks im Blut, der Herzfrequenz und Atmung gekauft. In all den Jahren hatte ich meine technischen Gerätschaften in regelmäßigen Abständen erneuert und dafür auch Kredit aufgenommen. Ein alles andere als heilender Kreislauf! Denn ein Praxisalltag, der ausschließlich auf Profit ausgerichtet ist, macht auf die Dauer krank. Es ist deprimierend, wenn Tierärzte, die angetreten sind, Gutes zu tun, eines Tages merken, dass sie Sklaven ihrer Kosten geworden sind und keine Zeit für das haben, was sie an diesem wundervollen Beruf einmal so sehr lockte: Zeit für Menschen und Tiere, helfen und heilen.

Der Kapnograph wird bei einem narkotisierten Hund zur Überwachung an die Zunge geknipst. Wenn etwas nicht stimmt, löst das Gerät Alarm aus. Nach einigen OP-Terminen mit dem neuen Kapnographen fiel mir auf, dass ich nur noch auf das Signal des Gerätes horchte. Ich verlor den Patienten aus dem Fokus, weil ich mich auf das Gerät verließ. Dadurch kappte ich eine Verbindung zum Tier. Als mir das klar wurde, kappte ich die Verbindung zum Gerät. Ich war eine erfahrene Tierärztin und Operateurin, ich brauchte kein Alarmsignal von außen, sondern mein empfangsbereites Herz. Ich konnte nun vollständig Ja sagen … wie es mittlerweile auch Frau Krammer tut. Doch unser Beginn war holprig.

Vom Nein zum Ja

»Ich war schon bei so vielen Tierärzten. Keiner konnte meinem Enzo helfen«, erzählte die Mittdreißigerin bedrückt. Enzo, ein stattlicher Dobermann, saß aufrecht neben ihr und schien konzentriert zuzuhören. Manchmal legte er den Kopf schräg, als würde er sinnieren, ob er Frauchens Beschreibung zustimmen könnte.

Frau Krammer erörterte Enzos Krankheitsgeschichte. »Es hat schleichend angefangen. Nach einer Bauchspeicheldrüsenentzündung. Da ist mir aufgefallen, dass er den Kopf so komisch hält und wackelt.«

Headshaking-Syndrom, dachte ich. Nicht ungewöhnlich bei Dobermännern.

Im weiteren Gespräch reichte mir Frau Krammer einige Papiere mit Enzos Untersuchungsergebnissen. Ich blätterte sie durch. »Ich glaube nicht, dass Enzos aktuelles Problem mit der Bauchspeicheldrüse zusammenhängt.«

Frau Krammer schüttelte unwillig den Kopf: »Doch, bestimmt.«

»Haben Sie schon mal einen anderen Ansatz überlegt?«

Abermals schüttelte sie den Kopf. »Da muss es einen Zusammenhang geben, weil es seitdem auftaucht.«

»In welchen Situationen hält er den Kopf denn so komisch?«

»Vor allem im Park.«

»Und zu Hause?«, fragte ich.

»Nein«, Frau Krammer schüttelte den Kopf. »Mittlerweile

erkenne ich ganz gut, wenn es losgeht. Er beugt sich zuerst so seltsam nach vorne, und dann fängt es an.«

Ich fragte weitere Informationen ab und ging schließlich aufs Ganze: »Haben Sie schon einmal überlegt, ob dieses Verhalten eine psychische Ursache haben könnte?«

»Auf keinen Fall«, stieß Frau Krammer kopfschüttelnd heraus. »Das muss was Neurologisches sein.«

»Oder was Psychologisches«, knüpfte ich an, weil es sich so hübsch anhörte mit dem wiederholten *isch*: neurologisch, psychologisch.

Frau Krammer schüttelte den Kopf.

»Sagen Sie eigentlich manchmal auch ja?«, platzte es da aus mir heraus.

Wenn Enzo in diesem Moment nicht das Gleiche gemacht hätte wie sein Frauchen, nämlich den Kopf geschüttelt, wäre sie vielleicht gegangen. Mutmaßlich kopfschüttelnd. Doch so rief sie. »Sehen Sie! Da ist es!«

Von wegen nur im Park, dachte ich. Ja, das war eindeutig ein Headshaking-Syndrom. Enzo wirkte völlig teilnahmslos, während sein Kopf von links nach rechts schwang. Ich setzte mich neben ihn, verharrte eine Weile und imitierte seine Kopfbewegung sachte, um mich einzufühlen. Dann berührte ich sehr zart seinen Kopf. Frau Krammer hatte ich in diesem Moment völlig vergessen, ich war tief mit Enzo verbunden. Der pendelte aus, seufzte einmal tief, dann schüttelte er sich und blickte sich fast ein wenig verdutzt um.

»Was war das denn jetzt?«, rief Frau Krammer.

»Ich glaube ein Ja«, sagte ich.

»Ja!«, rief sie. »Genauso sah das aus.« Und dann verblüffte sie mich. »Wahrscheinlich könnte ich mir das auch mal angewöhnen.«

Frau Krammer kam noch einige Male zu mir. Ich weiß nicht, ob sie sich Mühe gab, aber sie sagte sehr oft Ja, und Enzo hat seit einem halben Jahr kein Headshake-Syndrom mehr gezeigt.

Tiere haben kein dickes Fell

Alles, was wir tun, ist Energie; alles, was wir denken, ist Energie. Doch wir selbst haben manchmal die Verbindung zwischen unserem Denken und Fühlen und Handeln verloren. Wir denken das eine und handeln gegenteilig. Es fehlt uns der Mut, eigene Entscheidungen zu treffen. Vielleicht wissen wir gar nicht, was wir wirklich wollen, weil wir glauben, dass wir das wollen, was alle wollen. In der Herde ist es sicher. Diesen Zwiespalt halten viele Menschen aus, vor allem der menschliche Körper hält ihn aus, jahre- und jahrzehntelang. Doch es ist ein Leben gegen die eigene Natur. Auch wenn wir selbst das lange nicht wahrnehmen – Tiere können diese Störgefühle empfangen und mehr noch: sie in ihrem eigenen Körper in Befindlichkeitsstörungen und Erkrankungen materialisieren. Und so bleibt unser Problem ausgelagert, wenngleich es uns näher rückt, da wir unser geliebtes Tier natürlich gesund wissen möchten … und es soll möglichst lang bei uns bleiben. Während wir bei uns selbst vieles wegschieben, sind wir bei unseren Tieren oft geradezu dünnhäutig. Wenn sie ein Problem haben, schauen wir genau hin beziehungsweise lassen hinschauen. Die Erkrankung des Tieres fordert unsere Aufmerksamkeit, die wir vorher schon bei uns selbst benötigt hätten. Dann wäre es vielleicht gar nicht zu dieser Ausprägung beim Tier gekommen, denn sie ist oft eine Folge, nicht der Beginn. Ich bin mir darüber bewusst, dass es zunächst einmal gewöhnungsbedürftig klingt, wenn wir die Erkrankungen unserer Tiere mit unserem eigenen Leben in Verbindung bringen. Doch unzählige Patientengeschichten haben mir gezeigt, dass mit dieser Betrachtungsweise Heilung geschehen kann.

Was ist die wahre Ursache einer Erkrankung? Wie oft habe ich mich das gefragt, Tag für Tag in meiner schulmedizinischen Praxis. Die Antwort, dass Bakterien und Viren als Verursacher wirkten oder eben Tumoren, erschien mir nicht schlüssig und auch zu einfach. Ständig entarten in jedem Körper, ob bei Mensch oder Tier, Tausende von Zellen. Warum bildet sich bei dem einen Krebs und bei dem anderen nicht? Welche Faktoren spielen hier eine Rolle? Und können körperliche Krankheiten wirklich nur auf körperlicher Ebene kuriert werden? Die Problemebene ist niemals die Lösungsebene. Wir sind doch auch energetische Wesen. Die Heilungsbereitschaft der Seele ist unendlich. Wir wissen heute so viel über die Zusammenhänge zwischen Körper, Geist und Seele: dass das eine niemals gesund wird ohne das andere. Aber viel zu oft setzen wir beim Körper an, nun, er ist ja auch sichtbar. Da weiß man, wo man ranmuss. Der Körper wird behandelt wie eine Maschine, die man besser einstellen kann – mit Blutdrucksenkern zum Beispiel. Die kann man reparieren – mit einem Bypass –, mit einem Lifting verjüngen und durch die Entfernung eines Tumors entlasten. Kann. Und das Tolle ist, dass man die Verantwortung dafür nicht selbst tragen muss, sondern sie einem Spezialisten überlässt. Doch oft läuft die Maschine danach trotzdem nicht rund. Während manche Menschen, die sich auf ihren Geist und die Seele konzentrieren, einen Weg aus ihrer Krankheit herausfinden, idealerweise mit einer Lebens- und Ernährungsumstellung. Wir können ja nur die Energie umsetzen, die wir uns zuführen. Gute Nahrung schenkt uns gute Energie. Gute Gedanken schenken uns Wohlbefinden. Wohlbefinden stärkt die Gesundheit. Wenn wir gesund sind, fühlen wir uns wohl und denken positiv. Es ist ein Kreislauf, und irgendwo sollte man mal anfangen. Oder man bleibt im Hamsterrad und überlässt es seinem Hamster, der dann eines Tages als Patient zu mir gebracht wird. Kleiner Kerl mit großer Sorge: Mit meinem Frauchen stimmt was nicht.

Ein Symptom ist keine Ursache, sondern ein Zeichen des Körpers über einen energetischen Zustand, der nicht wahrgenommen wird. Wir haben Wünsche, Träume, Ideen, Gefühle, die wir gern in die Tat umsetzen möchten. Doch manches scheint unmöglich. Wir beißen die Zähne zusammen und tun, was wir glauben, dass wir tun müssen. Eine Zeitlang mag das funktionieren. Doch die aufeinandergebissenen Zähne verkrampfen den Kiefer, jetzt ist es manifest und von hier aus kann es weitergehen. Vielleicht entwickelt sich eine schmerzhafte Ohrenentzündung? Was wollen wir nicht hören – unsere innere Stimme. Wenn nun der Hals-Nasen-Ohrenarzt antibiotische Ohrentropfen verschreibt … wie sollen diese unsere zusammengebissenen Zähne heilen, beziehungsweise die Sehnsucht dahinter stillen? Der Schmerz in diesem Beispiel ist unser Freund, weil er uns zeigt, dass etwas schiefläuft. Ja, gewiss, ohne Schmerz hätten wir das auch kapieren können, aber das haben wir eben nicht. Danke, Körper. Und jetzt ändere ich was! So erspare ich womöglich meinem Tier ein Symptom.

Wenn wir uns als seelisch-energetische Wesen begreifen, gibt es für unsere Heilung keine Begrenzung. Es liegt in unserer Macht, gesund zu werden. Aus eigener Macht, weil wir nicht in der Balance waren, sind wir krank geworden. Das können wir rückgängig machen. Idealerweise ohne unsere Haustiere in diesen Prozess zu verwickeln. Doch oft klappt das eben nicht, und liebevoll stellen sie sich uns zur Verfügung und machen uns aufmerksam: Frauchen, da stimmt was nicht.

Wie gehen wir nun damit um? Doktern wir an den Symptomen herum? Verabreichen Tabletten, schmieren Salben, kaufen Wunderpillen? Alles ausgelagert auf den Leib des Tieres? Oder wollen wir einmal einen anderen Ansatz wagen – hin zum Feinstofflichen? Immer mehr Menschen sagen Ja dazu. Das macht mich sehr froh.

Ein erster wichtiger Schritt ist es, unsere Gedanken ebenso achtsam zu pflegen wie unseren Körper. Er ist der Ausdruck des Bewusstseins. Mit seinen Symptomen zeigt er uns energetische Baustellen. Die liegen jedoch im Untergrund. Erst wenn wir sie uns bewusst machen, können wir mit ihnen arbeiten. Aber es ist gar nicht so leicht, sich selbst auf die Schliche zu kommen. Und die Tierärztin wird in der Regel auch eher nach dem Körper als nach der Seele fragen, und wenn sie nach der Seele fragt, dann vielleicht eher nach der des Tieres. Die Tierärztin ist für die Tiere da. Ja, das bin ich auch, doch ich habe meinen Blickwinkel erweitert. Heute bin ich ganz angekommen in meiner neuen Sichtweise. Doch es brauchte sehr viele Patienten, bis ich wirklich sicher war. Die Begegnung mit Herrn Burgmair und seinem Kater gehört zu meinen eindrücklichsten.

Die süßen Katzen

Herr Burgmair war schon lange Witwer. Knapp siebzigjährig war er den ganzen Tag in seinem Gewächshaus beschäftigt, er züchtete Rosen. Zuhause erwarteten ihn seine beiden Katzen Ginger und Fred. Ich begleitete die beiden lange Jahre und sah Fred oft, weil sich bei ihm ein Diabetes mellitus entwickelte. Zweimal am Tag spritze Herr Burgmair Insulin. Er kam gut damit zurecht, doch als Fred mit 18 Jahren starb, wirkte er aus der Bahn geworfen, als würde ihn dieser Tod völlig überraschend treffen. Kurz darauf brachte er mir einen neuen Fred. Es war eine circa einjährige Kätzin, eine Streunerin, die er in der Nähe des Wertstoffhofs gefunden hatte. Er taufte sie Frieda und war erleichtert, dass sie sich so gut mit Ginger verstand. Der Haussegen hing wieder gerade, bis ich, kaum zu glauben, innerhalb weniger Monate bei Frieda ebenfalls Diabetes diagnostizierte.

»Das ist kein Problem«, sagte Herr Burgmair. »Ich weiß ja, was ich da machen muss.«

Abermals spritzte er zweimal täglich Insulin.

Das ist schon seltsam, dachte ich. Jetzt hat er den gleichen Fall noch mal. Und das, wo die Katze doch draußen gelebt hatte. So ein Zufall.

Der Diabetes – oder wie es im Volksmund heißt, »er/sie hat Zucker« – versüßt nicht nur die Bilanzen der Pharmaindustrie, sondern ernährt auch sehr viele Mediziner. Ich selbst habe seinerzeit Tagesseminare nur zum Thema Diabetes mellitus besucht, und manchmal konnte ich mich des Eindrucks nicht erwehren, an einer Zeremonie teilzunehmen. Wir Tierärzte erfuhren, wie unsere Patientenbesitzer Blutzuckerkontrollen bei ihren Tieren durchführen konnten. Zur optimalen Einstellung kann der Blutwert Fructosamin, eine stabile Blutzucker-Eiweißverbindung genutzt werden. Diese wird dann im Labor bestimmt. Durch Harnzuckerkontrollen kann überprüft werden, ob das Insulin gut eingestellt ist. Kommt viel Zucker im Harn an, dann ist auch viel im Blut und es muss mehr Insulin verabreicht werden. Ich »ermächtigte« die Tierbesitzer dann, die Dosis um 0,5 oder 1 Einheit zu verringern oder zu erhöhen. Auch die Trinkwassermenge kann gemessen werden und hat einen Einfluss auf die Medikamentengabe: Ist die Menge hoch, ist wahrscheinlich auch der Blutzuckerspiegel hoch. »Also bitte ganz einfach mehr Insulin geben.« … Was für eine Rechnerei. Und wenn die Patienten in die Praxis kamen, legten mir manche Kunden ihre gewissenhaft geführten Listen vor.

Die Wahrscheinlichkeit, dass eine Katze an Diabetes mellitus erkrankt, beträgt je nach Studie zwischen 0,43 und 1 Prozent. Die Zahl der Betroffenen hat sich in den vergangenen zehn Jahren etwa verdoppelt, Tendenz weiter steigend. Generell sind alle Katzen anfällig für eine Diabetes-Erkrankung. Mehr als vierzig Prozent der diabetischen Katzen sind zwischen fünf und elf Jahre alt. Besonders häufig tritt Diabetes mellitus bei zehn Jahre alten und älteren Tieren, kastrierten Katern und übergewichtigen Tieren auf. Das fast doppelt so hohe Risiko kastrierter Tiere, an einem Diabetes mellitus zu erkranken, beruht vermutlich auf der Entwicklung einer Adipositas durch geringeren Kalorienbedarf bei gleichbleibender Energiezufuhr. Durch Übergewicht erhöht sich das Risiko für einen Typ-II-Diabetes um das Drei- bis Fünffache. Siebzig bis achtzig Prozent der diabetischen Katzen sind übergewichtig. Meiner Erfahrung nach wirkt sich eine Umstellung auf Fleischnahrung auch positiv auf das Gewicht aus. Und sei es, dass dann nicht mehr ständig Leckerlis dazwischen gegeben werden, weil man nun ganz auf Trockenfutter verzichtet.

Herrn Burgmairs zweiter Kater Ginger wurde leider nicht alt, er starb siebenjährig. Herr Burgmair fackelte nicht lang und holte als Nachfolger den Kater Garfield aus dem Tierheim. Gesund nahm er ihn in Empfang, nach einem Jahr benötigte auch Garfield Insulin. Wieder ein Zufall? Das konnte ich nun nicht mehr glauben. Diabetes ist eine Krankheit, bei der die Bauchspeicheldrüse zwar Insulin produziert, doch die Zelle das Insulin nicht aufnehmen kann. Was wäre, fragte ich mich, wenn der Beginn bei Herrn Burgmair liegt? Insulin, dachte ich. Wenn ihm die Süße am Leben fehlen würde, fragte ich mich. Herr Burgmair war schon so lange Witwer, und auch wenn er das gut überspielte, hatte ich doch oft eine tiefe Traurigkeit in ihm gespürt. Der alleinstehende Mann hatte die Liebe nicht in seine Zellen hineingelassen. Das hatte ich empfunden, wenn er bei mir über seine Schwester und die undankbaren Nichten schimpfte. Und seine Katzen spiegelten es ihm. Sie hielten ihr Fell für ihn hin …

Die Dolmetscherin

Die Sprache der Medizin ist einfach, und sie folgt klaren Gesetzmäßigkeiten. Im Grunde wissen wir das. Doch wir achten unser eigenes Wissen gering gegenüber der scheinbaren Allmacht der

Apparatemedizin. Aber keine Technik kann uns so genau wie wir selbst sagen, was uns fehlt. Es sind eher die Tiere, wenn wir selbst nicht gut auf uns achten. Aber auf sie achten wir. Und so hören wir über diesen Umweg doch noch auf uns. Manchmal braucht es dazu eine Dolmetscherin, eine wie mich, die die Sprache der Symptome entschlüsselt. Natürlich bin ich noch immer Tierärztin. Doch ich habe mir in den letzten Jahren sozusagen Fremdsprachenkenntnisse angeeignet. Ich übersetze die Sprache der Symptome der Tiere für ihre Menschen. Nicht immer; je nachdem, wie ein Fall liegt. Nicht jedes Tier kommt mit einer Krankheit, hinter der ein menschengemachtes Problem steckt. Und selbst wenn, so weiß ich mittlerweile, dass ich nicht mit jedem Patientenbesitzer so offen sprechen kann. Behutsam finde ich heraus, wie viel mein Gegenüber in der Lage ist, jetzt aufzunehmen. Ich öffne mein Herz und handle achtsam zum Wohle von Tier und Mensch. Das ist keine Zauberei – das kann jeder, auch Sie können das, liebe Leserinnen und Leser. Es ist mir ein großes Anliegen, Ihnen Handlungsspielraum zu eröffnen oder auch zurückzugeben. Sie sind von niemandem abhängig. Je deutlicher Sie Ihre eigene innere Stimme hören, umso klarer können Sie Entscheidungen treffen, auch für Ihr Tier. Sie sind der nächste Mensch für Ihr Tier – mit einem offenen Herzen werden Sie seine Seelensprache verstehen.

Ich habe Tausende von Liebesgeschichten zwischen Mensch und Tier gehört. Viele der Patientenbesitzer haben ein Bedürfnis, mir die individuelle Persönlichkeit ihrer Tiere zu schildern. »Das ist nicht bloß eine Katze, Frau Doktor, das ist eine kleine Persönlichkeit!«

Davon braucht mich niemand zu überzeugen. Jedes Geschöpf ist ein Individuum. Aus der Art und Weise, wie Menschen ihre Tiere vorstellen, höre ich sehr viel heraus. Denn natürlich erzählen die Menschen dabei in erster Linie von sich und von ihrer Beziehung zu ihrem Tier. Das gibt mir gute Anhaltspunkte, wie ich meinerseits das Gespräch führen werde.

Manchmal führe ich aber auch gar keine Gespräche, sondern schmunzle in mich hinein. Zum Beispiel im Falle von Sascha, einem sehr gut erzogenen Rottweiler. Geführt wird er von Herrn Metz, einem circa vierzigjährigen, sehr schüchternen zierlichen Mann. Mir wurde zugetragen, dass Herr Metz eine Schwäche für mich habe. Wenn wir uns begegnen, wird er rot. Nun, Sascha auch. Kaum sieht der Hund mich, rast er auf mich zu und springt mich an. Das macht er nur bei mir. Bei allen anderen gebärdet sich der aufs Wort folgende Rottweiler, der einfach nur Herrchens Träume wahr macht, wie ein Lamm. Finns Herrchen hingegen hatte eher Alpträume…

Finns Hobby

Finn war ein knuddeliger heller Labrador, fünfundvierzig Kilo schwer, gutmütig und immer freundlich. Finn hatte zwei Hobbys. Das eine fanden alle toll, dass er nämlich für sein Leben gern schmuste. Kaum setzte man sich irgendwohin, kam Finn an und wollte gekrault werden. Freundlich gab er sich nach einer Weile zufrieden und rollte sich behaglich grunzend zu einem Schläfchen ein. Finns zweites Hobby war vor allem für Finns Herrchen Wolfgang ein Problem.

»Meine Frau und die Kinder sagen, dass ich übertreibe!«, erzählte er mir. »Aber ich habe nun mal eine empfindliche Nase. Unser Hund vorher hat das nicht gemacht. Aber der Finn, der wälzt sich in jedem Scheißdreck, und das kannst du wörtlich nehmen.«

Ich nickte mitfühlend.

»Ich weiß schon, dass er das als Hund anders sieht beziehungsweise riecht«, rang Wolfgang um Verständnis. »Und dass er das macht, um mir zu zeigen, was er Tolles entdeckt hat, echt nett von ihm, oder um zu protzen, wo er überall war. Aber mich würgt es dann. Und ich kann nicht mit ihm schmusen, obwohl er so auffordernd herkommt. Dann muss ich ihn wegschieben, und das tut mir leid. Aber es hebt mich förmlich. Auch wenn er geduscht ist. Das übernimmt zum Glück dann meine Frau. Die sagt, ich bin hypersensibel.«

»Ja, das ist wirklich eine blöde Situation«, stimmte ich zu.

»Wenn wir spazieren gehen, bin ich auch immer total verspannt. Ich schaue ständig, ob wo was rumliegt und beobachte Finn. Wenn er vorne mit den Beinen runtergeht, dann brülle ich gleich los: Nein, nein! Damit er sich bloß nicht hinlegt.«

»Hilft das?«

»Ja. Er bleibt stehen. Ist ja ein feiner Kerl. Er kommt dann sogar schwanzwedelnd zu mir. Obwohl ich ihm das Vergnügen versaut habe. Er will es immer gut machen, er ist schon ein braver Junge. Und er findet noch genug Möglichkeiten«, seufzte Wolfgang.

»Obwohl du so gut achtgibst?«

»Wenn ich telefoniere oder so, bin ich schon mal abgelenkt. Der kleine Halunke nutzt jede Chance!«

»Telefonierst du viel beim Gassigehen?«, fragte ich beiläufig, einen vagen Verdacht im Kopf.

»Meistens. Das ist ja eine tote Zeit.«

»Hm«, grinste ich. Ich kannte Wolfgang seit dem Studium. Ich wusste, dass er die Wahrheit vertrug.

»Was ist denn daran so lustig?«, fragte er, eine steile Falte zwischen den Augenbrauen.

»Also wenn ich Finn wäre«, sagte ich und lachte nun, »ich wüsste auch, wie ich deine Aufmerksamkeit vom Handy weglenken würde.«

»Hä?«

»Na, wenn du die Gassi-Zeit tote Zeit nennst, liegt es doch nah, dass Finn sich in Aas wirft?«

»Also, Wilma!«, wehrte Wolfgang ab, wurde dann aber schnell nachdenklich.

»Im Ernst«, sagte ich. »Versuch doch mal Folgendes: Wenn du mit Finn draußen bist, gib ihm innerlich die Erlaubnis zu tun, was er will. Kontrollier ihn nicht dauernd.«

»Dann wirft er sich von einem Scheißhaufen in den nächsten.«

»Hast du das schon mal probiert?«

»Nein, das muss ich nicht probieren, das weiß ich.«

»Du könntest dich täuschen.«

»Okay, ich könnte mich täuschen«, räumte er ein, dann grinste er breit. »Ja, das mach ich mal. Aber wehe, er wälzt sich!«

»Mit wehe wird er sich wälzen«, sagte ich. »Lass doch mal dein Handy beim Spazierengehen zu Hause.«

»Spinnst du?«, rief Wolfgang empört.

»Führst du deinen Hund aus oder dein Handy?«, fragte ich ein wenig provokant.

Wolfgang verdrehte die Augen, war aber weiterhin bereit, mir gedanklich zu folgen.

»Vielleicht stinkt ihm das einfach«, sagte ich.

»Nein, weißt du was, mir stinkt das!«, rief Wolfgang nun zu meiner Verblüffung. »Ich habe so was von keinen Bock, dauernd mit dem Ding rumzudaddeln. Man ist doch nur noch ein Sklave. Wir haben uns den Hund angeschafft, um mehr Zeit bewusst zu verbringen, Natur und Kontemplation und so weiter. Aber davon ist nichts, rein gar nichts übriggeblieben. Du hast schon auch recht, Wilma. Und wenn ich so wie früher mit Finn spielen würde, was haben wir für tolle Sachen gemacht, über den Bach gesprungen und Ball gespielt, Sachen versteckt, hätte er auch nicht so viel Gelegenheit, eigene Wege zu gehen.«

»Aber du«, sagte ich.

»Also, Wilma, du hast vielleicht Ideen!« Er lachte laut. »Das probiere ich glatt aus.«

Ich war natürlich ein bisschen neugierig und rief ihn nach einiger Zeit an. Er ging nicht ans Telefon, und die Mailbox war ausgeschaltet. Das hielt ich für ein sehr gutes Zeichen.

Wie wir mit unseren befellten und gefiederten Verwandten umgehen, hält uns einen Spiegel vor. Damit sind nicht ihre in vielen Köpfen bereits vollzogene Vermenschlichung und Integration in unser engstes soziales Umfeld gemeint, sondern unser konkreter Umgang mit ihnen. Mit anderen Worten: Wie respekt- und würdevoll, wie mitfühlend, verantwortungsbereit und ehrenhaft behandeln wir sie in der täglichen Routine und besonders auch im Krankheitsfall? Vordergründig sind dies Attribute, die wir gewöhnlich nur im Umgang mit anderen Menschen benutzen. Humanität (lat. *humanitas*) jedoch bezeichnet seit der Antike eine Vielzahl von individuellen und kollektiven menschlichen Tugenden, die insbesondere auch Fremden, Schwachen, Abhängigen und Untertanen entgegengebracht werden. Erst Humanität macht uns zu Menschen. Unser Umgang mit unseren fast in den Menschenstand erhobenen Tieren ist daher auch ein Indikator dafür, wie es um unsere eigene Menschlichkeit mit allen ihren klassischen Werten bestellt ist. Und manchmal zeigen uns Tiere, wo wir noch nachbessern sollten. Mit Liebe.

Jedes Tier sucht sich seinen Menschen aus

»Und da hab ich gewusst: Das ist er!« So beschreiben Menschen häufig, wie sie zu ihrem Haustier kamen. Ein bestimmtes Wesen in einem Wurf von Winzlingen hat ihre Aufmerksamkeit erregt oder irgendetwas getan, was sie entzückte oder was ihnen bedeutsam erschien. Und dann haben sie gewählt. In Wirklichkeit ist es natürlich ganz anders, nämlich so, dass nicht wir unsere Haustiere aussuchen, sondern unsere Haustiere suchen uns aus. Das ist schlichtweg ein Resonanzgesetz. Jeder Mensch fühlt sich zu dem Tier hingezogen, das jetzt gerade in diesem Moment am besten zu ihm und seiner Lebenssituation passt.

»Aber nein, Wilma, bei mir war das anders. Die Minka ist einfach vor meiner Tür gesessen.«

»Na eben«, lache ich.

»Ich hätte sie draußen lassen können!«

»Hast du aber nicht.«

»Nein, es war ja eiskalt. Zum Glück habe ich sie reingeholt.«

»Ja, zum Glück hat sie dich ausgesucht.«

Spätestens wenn Menschen mit einem gefundenen Tier beim Tierarzt auftauchen, haben sie sich entschieden. Das Tier hat sich schon vorher entschieden, weil es sich von der Energie dieses Menschen angezogen fühlt. Selbstverständlich kann man es auch so betrachten, dass ein Tier einen guten Platz sucht, an dem es sicher und warm ist und wo die Speisekarte vielversprechend klingt. Das spielt natürlich auch eine Rolle, doch wir bestehen nicht nur aus Biologie, sondern eben auch aus Energie.

Ein Tier, das zu uns kommt, bietet uns eine bestimmte Art von Erkenntnis an – vielleicht führt das dazu, dass wir uns verändern. Ein und dasselbe Tier kann bei verschiedenen Menschen unterschiedliche Prozesse in Gang bringen. Oft verhalten sich Tiere sogar unterschiedlich. Mit Herrchen schmust Minka, mit Frauchen nie. Frauchen folgt Lassie, bei Herrchen ist sie schwerhörig. Und Amy, die immer ein bisschen nervös ist und normalerweise ständig hochschreckt, schläft bei Oma wie ein Murmeltier. Meistens gibt es in einer Familie eine Hauptbezugsperson für ein Tier, das muss aber nicht für immer so bleiben. Veränderungen im System können auch das »Aufgabengebiet« neu definieren. So habe ich mehrfach beobachtet, dass bei plötzlicher Arbeitslosigkeit der dann sozusagen Bedürftige mehr Zuwendung vom Tier erhielt. Natürlich kann man behaupten, das läge daran, dass er jetzt mehr zu Hause sei. Das glaube ich aber nicht. Ich bin der Überzeugung, dass Tiere sich einem anderen Menschen zuwenden, wenn ihre Aufgabe bei einem bestimmten Menschen erfüllt ist – weil dieser Mensch darauf reagiert hat. Idealerweise, ohne dass er oder das Tier erkrankte.

Was Tiere für uns tragen und welche Symptome sie spiegeln

Als meine Kinder zur Welt kamen, wollte ich sie genau so nehmen, wie sie waren, und lieben, einfach weil sie da waren und genau so, wie sie waren. Sie sollten nichts sein, tun, darstellen müssen. Doch das konnte ich natürlich nicht allzu lang aufrechterhalten. Denn sie veränderten sich, sie sollten sich ja auch verändern. Sich entwickeln, auf eigenen Füßen stehen, laufen lernen, Fahrrad fahren, zur Schule gehen und so weiter. Ich bin mit ihnen gewachsen in der bedingungslosen Liebe, die ich für sie empfinde.

Als Erwachsene knüpfen wir häufig Bedingungen an die Liebe, gerade in Beziehungen. Manchmal kommt es mir so vor, als würde es uns Menschen leichter fallen, Tiere bedingungslos zu lieben als andere Menschen. Ich habe eine unglaubliche Güte und zuweilen auch Opferbereitschaft bei Tierfreunden erlebt, die alles dafür taten, damit es ihren Tieren gut ging – und dann ging es ihnen selbst auch gut. Doch nicht jeder Mensch kann das öffentlich bekennen. Denn … es ist ja nur ein Tier … Aber weshalb sollte man sich da schämen? Auch ein Tier ist ein Geschöpf des Himmels.

Seitdem ich als Tierärztin neue Wege gehe, höre ich von den Patientenbesitzern auch andere Geschichten als früher während meiner schulmedizinischen Praxiszeit. Gewiss ging es seinerzeit auch mal ans Eingemachte, doch nie so tief wie jetzt. Ich habe den Eindruck, dass sie mir mehr anvertrauen. Große Geheimnisse werden mir – oft im schönsten Sächsisch – zugeflüstert:

»Ich wees, das mor das ne macht. Aber das konn isch ooch nur Ihnen saagen. Wenn ich das jemmund anners erzähl, gucken die mich bedeppert an. Meene Elsa schläft mit bei miir im Bette. Daas is so scheen. Mir kuschln obends vorm Schlofen gehen dolle. Monchmal forhäddern mir uns. Dor Collie hat jaa soo lange Beene. Nu gut, jedefalls, ich konn de Elso mit deem Floddn Oddoh ne mit in mee Bettl nehm. Woron kennts de lieschen? Noja, veeleecht hat se zu hastsch gekuttelt, weils so heeß war oder se hat von meener Speggfeddbämme gemopst. Ich will ne ningeln, aber Sie krischen das bestimmt wedder hin.«

(Sinngemäß gedolmetscht: Ich weiß ja, dass man das nicht macht. Aber meine Elsa schläft bei mir im Bett. Vor dem Einschlafen kuscheln wir ganz fest. Manchmal verheddern wir uns dabei sogar. Der Collie hat ja so lange Beine. Aber mit dem Durchfall jetzt kann ich die Elsa nicht mit ins Bett nehmen. Woran könnte es denn liegen? Vielleicht hat sie ja bloß zu schnell getrunken, weil es so heiß war. Oder sie hat was von meiner Speckfettschnitte gemopst. Ich will nicht jammern, Sie kriegen das bestimmt wieder hin.)

Ich sagte: »Och, das is scheen, da ham se jemand zum Knuddeln.«

Große Erleichterung bei meiner Kundin: »Und isch hätt schoo gedocht, se meggern mit miir.«

Nein, da gibt es nichts zu meckern, und ich male auch keine Schreckgespenster an die Wand. Wenn die Hygiene gewahrt bleibt, sehe ich keine Gefahr. Zumal auch Tiere untereinander gern kuscheln. Gemeinsames Ruhen stärkt die Bindung. Und dem Menschen geht das Herz auf, wenn er seinen lieben Gefährten atmen hört. »Ich schlaf dann zwar schlechter, Frau Doktor, aber irgendwie auch besser.«

Das bestätigen auch Untersuchungen. Obwohl Menschen, die ihr Bett mit Haustieren teilen, weniger Platz haben und nachweislich unruhiger schlafen, fühlen sie sich insgesamt erholter.

Nicht nur unser Wohlgefühl, auch viele Studien sprechen dafür, dass das Zusammenleben mit einem Hund förderlich für die Gesundheit des Menschen ist. Es schenkt genau jenen sozialen Rückhalt, der die Risikofaktoren für verschiedene Krankheiten senkt und allgemein das Immunsystem stärkt. Interessanterweise profitieren auch Hunde vom Kontakt mit dem Menschen, nicht nur durch einen stets vollen Napf. Streicheleinheiten können die Herzfrequenz des Hundes senken und seinen Cortisolspiegel, der Hund entstresst durch den Menschen wie der Mensch durch den Hund. Man hat herausgefunden, dass bereits ein freundlicher Blickwechsel zwischen Hund und Herr bei beiden Oxytocin ausschüttet, das auch als Wohlfühl- oder Bindungshormon bekannt ist. Und an wen wir uns binden, mit dem fühlen wir auch.

Es heißt, Hunde würden sich gern dort ablegen, wo positive Energie strahle. Wer also eine Wohnung neu bezieht, kann mal den Hund vorausschicken, damit er die Lage sondiert. Von Katzen heißt es, sie würden sich auf Störfelder legen. Ich kenne eine Frau mit einem ballgroßen Tumor im Bauch, Lieblingsplatz ihres Katers. Einmal habe ich auch von einem Altenheim gelesen, in dem die Hauskatze stets bei demjenigen Patienten im Zimmer übernachtete, der als Nächster starb. Die Angestellten wussten dann schon Bescheid. Tiere spüren so unendlich viel mehr als wir Menschen … oder könnten wir das auch alles wahrnehmen, wenn wir unsere Fähigkeiten ausschöpfen würden? Wir sind meistens abgelenkt von unserem Alltag in der Leistungsgesellschaft. Da bleibt wenig Platz für Wahrnehmen, Spüren, Dasein.

Rund um die Beziehung zum Haustier gibt es viele Vorurteile, Verbote und Gesetze. Es lohnt sich, jedes einzelne zu hinterfragen. Wenn die Stimme des Herzens erklingt, ist es ratsam, ihr zu folgen.

Kurios finde ich beispielsweise den Treueschwur, den manche Patientenbesitzer ihren Tierärzten gegenüber leisten. Ich erlebe es häufig, dass jemand bei mir anruft und zuerst einmal Ablass dafür möchte, eventuell seinem bisherigen Tierarzt »untreu« zu werden: »Aber Sie sagen ihm das jetzt nicht, dass ich Sie angerufen habe«, werde ich um Stillschweigen gebeten.

Früher habe ich erklärt, dass sie, meistens sind es Frauen, doch nicht mit dem Tierarzt verheiratet wären. Und nein, ich würde nichts sagen. Außerdem sei es ihr gutes Recht und richtig, eine zweite Meinung einzuholen. Heute erkenne ich in dieser Unsicherheit oft schon eine Fährte zum eigentlichen Problem.

Wir sind dann nämlich dem Tierarzt treu und komischen Verhaltensregeln, aber eben nicht uns selbst. Die innerliche Treue ist meiner Meinung nach viel wichtiger als die äußerliche. Das gilt auch bei Züchtern und Hundetrainern. Wie oft hat mir schon ein verzweifeltes Herrchen oder Frauchen erzählt, dass es in der Hundeschule nicht zurechtkommt. »Der Trainer ist ruppig. Die Susi traut sich schon gar nicht mehr auf den Platz. Sie ist doch so sensibel, Frau Doktor.«

»Dann gehen Sie nicht mehr hin.«

»Aber ich hab doch für zehn Mal bezahlt und sieben sind noch offen.«

»Würde Susi freiwillig hingehen?«

»Nie im Leben!«

Ich schweige.

»Also Sie meinen …«

Ich schweige.

»Eigentlich haben Sie recht. Wieso soll ich da hingehen, wenn sich die Susi fürchtet.«

Und so geht Frau Roth jetzt nicht mehr zu diesem Hundetrainer. Die Sorge um Susi und ihre Liebe zu dem Hund haben ihr den Rücken gestärkt. Susi hat sie groß und mutig gemacht, die beiden haben die Hundeschule gewechselt.

So einfach ist es nicht immer. Denn wenn wir selbst jahrelang gewissen Gedanken ausweichen, bestimmten Wahrheiten nicht ins

Gesicht sehen wollen, wenn wir Angst davor haben, die Verantwortung für unser eigenes Leben – und das unserer anvertrauten Haustiere – zu übernehmen, haben wir dicke Mauern errichtet, eine starke Abwehr installiert. Mit Worten und Waffen ist sie nicht zu besiegen. Sie weicht auf durch Liebe – und oft ist es die Liebe zu einem Tier, die diesen Prozess einläutet, vor allem, wenn das Tier erkrankt.

Heilung braucht Zeit und Mut

Wenn ich bei der Anamnese signalisiere, dass ich ganz für das Tier da bin, mich ihm vollständig widme, dann erzählen die Menschen von sich selbst. Manche stülpen schon beim ersten Mal ihr Innerstes nach außen, andere müssen erst Vertrauen fassen. Kurioserweise verhalten sich die meisten Tiere dabei sehr geduldig, gerade so als würden sie merken, wie gut es ihren Menschen tut, sich etwas von der Leber zu reden. Ja, in einigen Fällen habe ich mich tatsächlich gefragt, ob die Tiere ihre Menschen zu mir geführt haben, nicht gerade mit einer eingebildeten Krankheit, aber irgendwie so ähnlich.

Bei solchen Begegnungen stehe ich dann gelegentlich vor der Tür, hinter der die Psychologie des Menschen beginnt. Ich höre Sätze wie: »Ich weiß schon, eigentlich müsste ich mich von meinem Mann trennen.«

Oder: »Ohne meinen Snoopy würde ich nicht mehr leben wollen. Wenn der Snoopy mal nicht mehr ist, dann will ich auch nicht mehr.«

Die Fürsorge ist ein ganz wesentlicher Faktor der Bindung vom Menschen an das Tier: Ich kümmere mich um dich, ich sorge für dich, ich habe eine Aufgabe, ich werde gebraucht, weil du mich brauchst. Ich höre Sätze wie: »Ohne meinen Strolchi würde ich das alles ja gar nicht schaffen.« Die Dame, die mir dies anvertraute, ist schwer herzkrank. Auf den ersten Blick würde man meinen, dass

Strolchi eine zusätzliche Belastung wäre. Doch das Gegenteil ist der Fall. Aber ist es so nicht oft? Das, wofür wir uns anstrengen, schenkt uns die größte Freude.

Für manche Menschen ist ihr Haustier der Lebenssinn, ihre Daseinsberechtigung. Manche leiden auch an einem Helfersyndrom. Es gibt sogar Menschen, die gern ein krankes Tier pflegen, weil sie sich dann gebraucht fühlen. Das kann zu einer Sucht ausarten, durchaus zu vergleichen mit Alkohol-, Zucker- und Nikotinsucht. Es ist die Sucht nach Lob und Anerkennung.

Doch ich bin Tierärztin, keine Menschenpsychologin. Wie das Tier ein Tier ist und kein Psychologe und dennoch oft wohltuend wie ein Therapeut wirkt, ja, es ist bekannt: Tiere sind auch Therapeuten. Und als solche werden sie in immer mehr Bereichen eingesetzt.

Fast jeder Mensch, der mit Tieren lebt, weiß, welche wohltuende Ausstrahlung sie auf uns Menschen haben. Ihre Gegenwart tut einfach gut. Sie müssen gar nicht viel machen. Sie grunzen im Schlaf, und wir sind glücklich. Ich habe von Aquarianern gehört, dass sie die schönsten Minuten des Tages vor der Glasscheibe verbringen, versunken in die Betrachtung der trägen Schwünge der Flossen. Tiere verbreiten Lebensfreude, aktivieren Selbstheilungskräfte, senken den Blutdruck, reduzieren Spannungszustände, entstressen – obwohl sie Zeit kosten, die man eigentlich nicht hat. Und dann erfindet man eine Ausrede. Stau zum Beispiel. Wer gibt schon zu, dass er zu lange in die Beobachtung seines Kaninchens versunken war. Und man setzt sich immer wieder davor, krault und schmust und redet blödes Zeug, bei dem man nicht belauscht werden möchte. Unsere Haustiere strukturieren den Tag. Sie trösten einsame Menschen, Hunde locken sie raus auf die Straße und in die Natur mit einem ganz raffinierten Trick – indem sie vorgeben, dringend Gassi gehen zu müssen. Und sie bieten immer Gesprächsstoff. Auch wenn jemandem absolut nichts einfällt, worüber er sprechen könnte, Tiere sind überall ein Thema, führen aus der sozialen Isolation. Und wenn ein Tag, den man am liebsten nicht erlebt hätte, sich seinem Ende zuneigt und man seinem Hund oder der Katze erzählt, dass der Chef doof ist und dass man morgens am besten gar nicht aufgestanden wäre, und der Hund dann entweder bestätigend wedelt oder die Katze um diese Uhrzeit keine Sprechstunde mehr hat und einem die kalte Schulter zeigt … dann erkennt man schlagartig, was wirklich wichtig im Leben ist. Der Chef ist es jedenfalls nicht. Gibt das Tier mit seiner Ignoranz der Brisanz nicht sogar einen hervorragenden Tipp, wie wir mit dem cholerischen Chef umgehen sollen?

In einer Studie wurde festgestellt, dass die Gesundheit von Heimtierhaltern deutlich besser ist als die von tierlos Lebenden, die auch häufiger einen Arzt aufsuchen. Menschen, die ein Tier versorgen, achten besser auf sich, weil sie sich verantwortlich fühlen – so ähnlich wie Eltern. Sogar sehr kranken Menschen, die mit Haustieren leben und auf Hilfe angewiesen sind, ist es ein Anliegen und Antrieb, für ihre tierischen Mitbewohner da zu sein. Und das wiederum lenkt von der Krankheit ab und eröffnet neue Perspektiven. Es gelingt Haustieren, selbst lethargische Menschen zu motivieren. Sie hellen die Stimmung auf und dringen sogar zu depressiven Menschen durch, die sonst keinen Anteil an ihrer Umwelt nehmen. Ihr oft heiteres Wesen unterstützt dabei, auch ein paar gute Seiten des Lebens zu sehen; negative Erlebnisse verlieren an Bedeutung.

Aus unzähligen Geschichten weiß ich, dass auch sehr schwer kranke Menschen von ihren Hunden profitiert haben, die ihnen die Kraft gaben, beispielsweise eine Chemotherapie besser zu überstehen, ein hartes Schicksal ein bisschen leichter zu nehmen, ihre Verzweiflung zu vergessen oder sich trösten zu lassen von einer warmen Hundezunge, einem aufmerksamen Blick und weichem Fell. Das erklärt vielleicht auch, warum in wirtschaftlichen Krisenzeiten mehr Menschen Haustiere anschaffen, obwohl Tiere Geld kosten. Offenbar überwiegt der nicht materielle Gewinn der Anwesenheit eines Tieres. Das schwere Leben wird leichter, auch wenn man selbst dafür auf einiges verzichten muss. Es gibt viele in Not geratene Menschen, auch arme, die dennoch ein Haustier versorgen, das sie wiederum am Leben hält. Doch wenn ein Tier zu viel trägt, weil es vom Menschen benutzt wird, weil es ein Manko des Menschen ausgleichen soll, besteht eine Schräglage, die sich in einer Krankheit manifestieren kann.

Viele Tiere zeigen Eigenschaften, die wir uns von einer guten Psychologin wünschen. Sie sind aufrichtig, einfühlsam und ehrlich. Sie hören ihrem Menschen vorurteilsfrei zu, ohne sich selbst mit ihren Meinungen und Interpretationen einzumischen. Sie sprechen wenig, beziehungsweise gar nicht, deshalb bewahren sie auch absolute Diskretion. Sie intervenieren nicht, sie sind einfach da und führen den »Patienten« allein durch ihre Anwesenheit zu Erkenntnissen. Im Gegensatz zu menschlichen Therapeuten ist der Körperkontakt nicht verboten, sondern erlaubt und sogar erwünscht, weil er das Herz öffnet und Trost spendet über die Sinne, was im menschlichen Therapieumfeld ein Missbrauch wäre. Zusammengefasst ist es ganz einfach: Tiere berühren uns im tiefsten Inneren. Und dort heilen sie. Was genau dabei geschieht, findet jenseits von Worten statt, es ist ein Herzenskontakt, eine Seelenbegegnung. Ein ganz besonderes Glück, das Tierfreunde kennen und lieben und das vielen als die intensivste Form von Lebensqualität gilt – eine artübergreifende Begegnung, aus der sich eine artübergreifende Beziehung entwickeln kann.

Nicht wenige Menschen schaffen ganz bewusst ein Tier an, wenn es ihnen nicht gut geht, vielleicht weil ein naher Angehöriger verstorben ist. Vielleicht gelingt es durch die gute Energie des Tieres, die Trauer besser zu verarbeiten und zurück in ein schönes Leben zu finden. Wenn nicht, besteht die Gefahr, dass das Tier einen Trauerkloß ausbildet … irgendeine Erkrankung, die man dann ernst nehmen könnte oder als das sehen, was sie ist: ein Symptom, dessen Heilung nicht beim Tier, sondern über seinen Menschen geschieht. In den folgenden Kapiteln werde ich die häufigsten Missverständnisse beschreiben.

Als polares Wesen kann der Mensch sich bewusst für die Liebe entscheiden. Nichtsdestotrotz gehört die Angst zu uns, und das ist auch gut so; sie ist unser Motor zur Entwicklung. Ich weiß, dass nicht jeder Mensch tief schürfen will und über seine Motive Bescheid wissen möchte. Doch unsere Tiere weisen uns zuweilen hartnäckig auf Missstände hin – bis wir sie eines Tages tatsächlich selbst wahrnehmen. Dies ist der erste Schritt zur Heilung.

Ich persönlich finde es immer sehr interessant, den wahren Gründen auf die Schliche zu kommen. Wenn man sich selbst beispielsweise dabei ertappt, dass man ein Haustier hält, um sich nicht einsam zu fühlen oder um geliebt zu werden oder Macht zu haben oder was auch immer. Um all diese Hinweise, die uns unsere Tiere auch geben, geht es im Folgenden. Indem wir erkennen, was wir über das Tier erreichen wollen, können wir das Tier entlasten und selbst die Verantwortung für unsere Bedürftigkeit übernehmen mit dem Resultat, dass es Tier und Mensch nicht nur besser, sondern so gut wie nie zuvor geht. Denn das Glück erwächst in der Freiheit, nicht in der Gefangenschaft, und auch Lebensmuster, nicht hinterfragtes Verhalten, Vorurteile, Gewohnheiten und Bequemlichkeiten beschneiden die Flügel.

Nie mehr einsam!

Die Bannung von Angst und Einsamkeit sind starke Beweggründe, warum Menschen mit einem Haustier leben. Das Tier soll die eigene Einsamkeit stillen – und sie ist eine traurige Alltäglichkeit in unserer modernen Welt. Erst ein Land hat darauf adäquat reagiert: Seit 2018 gibt es in England ein Ministerium für Einsamkeit. Was vielen zuerst wie ein Scherz vorkommen mochte, ist leider bittere Realität. Auch zwischen zehn und fünfzehn Prozent der Deutschen leiden zeitweise unter Einsamkeit. Bei den über 85-Jährigen sind es zwanzig Prozent. Dreißig Prozent der Deutschen verspüren zumindest manchmal Einsamkeit. Es sieht so aus, als entwickelten sich die geburtenstarken Jahrgänge im Alter zu einer sehr einsamen Generation – der Preis für ihre individualistische Lebensgestaltung? Wer einsam ist, ist auch unglücklich. Und Haustiere sollen diese Einsamkeit oft lindern. Aber das können sie nicht – und werden stattdessen selbst krank.

Man hört sehr oft, dass ältere Leute sich »einfach« ein Haustier anschaffen sollen, dann würde es ihnen besser gehen. Für mich ist das Tier keine Lösung, sondern eine Krücke auf dem Weg zu Artgenossen. Letztlich geht es darum, dass wir Menschen die Liebe, die wir so leicht zu Tieren fließen lassen können, mit anderen Menschen teilen. Dass wir unsere Herzen nicht nur für die Tiere, sondern auch für unsere eigenen Artgenossen öffnen. Und ich kenne keinen schöneren Weg, als dies über die Tiere zu lernen, die uns an ihre Pfoten, Krallen, Klauen und Hufe nehmen und uns zeigen, wie bedingungslose Liebe wirkt. Und dann können wir den nächsten Schritt gehen.

Der kleine Hund mit dem großen Herzen

Drei Monate nach dem Tod ihres Mannes holte sich Frau Holzer aus dem Tierheim einen Hund. Sie hatte noch nie einen Hund gehalten, aber alle Bekannten hatten ihr dazu geraten. »Dann bist du nicht mehr so alleine.« Oh ja, alleine war sie, nach über fünfzig Jahren Ehe. Am Morgen war Herbert aus dem Haus gegangen wie immer, aber am Abend nicht zurückgekehrt. »Herzinfarkt«, sagte der Hausarzt und: »Er hat nichts gespürt.«

Die Töchter kümmerten sich zwar, doch sie wohnten weit weg, und einmal am Tag zu telefonieren, ersetzte keinen Herbert. Das sollte nun der kleine Blacky schaffen. Der kleine Kerl legte sich auch ins Zeug, doch Frau Holzers bodenlose Trauer konnte er nicht weglecken mit seiner kleinen Zunge, nicht weggucken mit seinen Knopfaugen, nicht wegschmusen mit seinem seidigen Fell und nicht wegschmunzeln mit seinen drolligen Bewegungen, auch wenn er als Tröster im Dauereinsatz war. Frau Holzer, selbst hoch in den Siebzigern, hatte bewusst einen älteren Hund ausgesucht. Sie wollte keinem Lebewesen das zumuten, was sie nun erlitt, ohne Herbert. Blacky war neun Jahre alt, und Frau Holzer vermutete, dass sie ihn überleben würde. Was ihr zuerst gar nicht so recht war, weil das Leben ohne Herbert kein schönes mehr war. Dann aber gewann sie durch Blacky doch ein wenig Lebensfreude zurück.

Ein Jahr lebten die beiden zusammen, als Blacky eines Morgens so seltsam hustete. Das hatte er noch nie gemacht, und Frau Holzer fuhr sofort zum Tierarzt. Beim Abhören stellte mein Kollege ein Herzgeräusch fest. Bei einer Ultraschalluntersuchung erkannte er, dass die Herzklappen geringgradig verdickt waren und das Herz zudem leicht vergrößert. Mitralklappenendokardiose lautete seine Diagnose. Das ist ein häufiger Befund. Über 75 Prozent der Hunde, die älter als dreizehn Jahre sind, leiden in mehr oder weniger ausgeprägter Form daran. Die Herzklappen zwischen linker Vorkammer und linker Hauptkammer können wegen ihrer Verdickung nicht mehr richtig schließen. Symptome der Erkrankung sind Husten, Atemnot oder auch Ohnmachtsanfälle.

Mein Kollege verordnete ein handelsübliches Herzmedikament, einen ACE-Hemmer, und beruhigte Frau Holzer, dass das nicht schlimm sei, dass sie Blacky ein wenig schonen sollte, sich aber sonst keine Sorgen machen müsse. Allerdings würde es nicht schaden, seine Atemfrequenz zu messen, um ihn zu überwachen. Das beunruhigte Frau Holzer sehr. Sie machte sich Sorgen. Große Sorgen. Berge von Sorgen. Sie konnte gar nicht mehr schlafen. Herbert hatte auch ein Herzmedikament genommen, und es hatte eben nichts geholfen. Herbert war trotz der morgendlichen Tabletten gestorben. Die Angst packte Frau Holzers Herz und drückte es zusammen. Da hörte sie von mir, und dass ich Hausbesuche machte. Ihr Auto war gerade in der Werkstatt. Keinen Tag länger wollte sie warten. Ob ich heute noch kommen könnte.

Gleich nach der Begrüßung fiel mir auf, dass sie Blacky nicht aus den Augen ließ. Sogar als sie mir ein Glas Wasser eingoss, behielt sie den Hund im Blick. Kaum bewegte er sich, widmete sie ihm ihre sorgenvolle Aufmerksamkeit. Im Wohnzimmer hingen viele Bilder von Herbert. Alle mit schwarzem Trauerflor. Es war eine sehr kummerlastige Umgebung, und der kleine Blacky, der auch noch einen schwarzen Namen trug, wedelte und lächelte und hechelte und machte Männchen und verausgabte sich vollständig, die Trauer wegzuschieben. Doch das schaffte der kleine Kerl nicht. Sein kleines Herz schlug wie rasend, pumpte und pumpte, gab alles – 150 bis 180 Schläge pro Minute. Normal wären 100 bis 130 gewesen. Doch jetzt hatte es sich überlastet. Blacky hatte nicht mal mehr genug Kraft, um sich selbst ausreichend zu versorgen, seinen Kreislauf gut aufrechtzuerhalten, geschweige denn den seines Frauchens.

Frau Holzer berichtete, wie Herbert gestorben war, wobei sie Blacky besorgt betrachtete, und beschrieb seinen Husten. Sie zeigte mir den Beipackzettel seines Medikaments. Ich versicherte ihr: »Damit ist er sehr gut eingestellt.« Dieses Medikament hätte ich selbst früher auch verabreicht. Doch Frau Holzer war nicht beruhigt.

»Was kann man denn da noch tun?«, fragte sie mich.

Ich schaute Blacky an, er schaute mich an. Ach, könnte er doch sprechen, dachte ich. Aber tat er das nicht – mit seinem Symptom … Ein Tier ist immer unverblümt. Menschen bauen Mauern um die Wahrheit. Ein Tier erzählt alles, wenn wir uns für seine Energie öffnen.

In meiner Welt gab es viele Ideen, was Frau Holzer tun könnte. Doch sie lebte in einer anderen Welt als ich. Sie würde mich vermutlich nicht verstehen, wenn ich ihr sagte, dass Blacky mehr Raum, mehr Luft zum Atmen benötigte. Frau Holzer steckte so tief in ihrer Trauer um Herbert, dass wenig zu ihr durchdrang. Und die Trauer um Herbert hatte sich in die Sorge um Blacky verwandelt. Aber vor lauter Sorge sah sie den Hund gar nicht mehr, nur noch ihre Sorge um den Hund. Das geschieht oft, auch wenn Menschen krank sind.

Man sieht dann nur noch die Krankheit – nicht mehr den Menschen, der ja nicht aus der Krankheit besteht. Sie ist lediglich ein Aspekt. Wenn Angehörige einen Kranken auf Dauer mit der Krankheit identifizieren, tun sie ihm nichts Gutes, es kann sogar geschehen, dass der Kranke sich immer kränker fühlt, da er ja fortwährend krank gespiegelt wird. Gesünder ist es, die vitalen Anteile zu spiegeln. Beachtung bringt Verstärkung! Worauf wir unsere Aufmerksamkeit richten, das wächst. Wie aber auch zuerst einmal die Fähigkeit wachsen muss, neue Perspektiven zuzulassen. Ich denke mir aber oft, dass die Menschen, die zu mir kommen, in gewisser Weise auch neue Perspektiven suchen. Sonst wären sie bei der klassischen Schulmedizin geblieben. Allerdings habe ich aufgehört, schnell etwas verändern zu wollen. Oder an meinen Kunden herumzukritisieren. Es hätte Frau Holzer kein bisschen geholfen, wenn ich ihr geraten hätte: »Machen Sie sich mal weniger Sorgen.«

Es gibt nur einen einzigen Weg: Das Herz zu öffnen und die Liebe fließen zu lassen. Dann könnte Frau Holzer Blacky spüren, wirklich in Kontakt mit ihm kommen, anstatt lediglich mit der Sorge um ihn. Und sie könnte auch sich selbst spüren und ihre Trauer. Gewiss, da lag ein langer Weg vor ihr. Doch in Begleitung von Blacky als ihrem tierischen Helfer durchaus zu bewältigen. Unterstützend würde ich ein homöopathisches Präparat geben. Crataegus ist ein bewährtes Herzmittel, das dem kleinen Kämpfer Blacky sicher guttun würde.

Im Gespräch wurde Frau Holzer allmählich ruhiger, sie konnte Blacky auch einmal aus den Augen lassen, und er rollte sich in seinem Körbchen zusammen und schlief ein. Ein gutes Zeichen, dachte ich. Sein Herz hat mich gerufen, und nun hat er sein Frauchen in meine Hände gegeben.

»Und nächste Woche kommen Sie wieder?«, fragte Frau Holzer.

»Ja«, sagte ich.

»Wir können auch gleich etwas für übernächste Woche ausmachen!«

Ich merkte, dass Frau Holzer am liebsten bis zum Ende des Jahres Termine hätte.

Doch ich wollte sie lieber bald in die Unabhängigkeit entlassen. Ich möchte meine Patienten nicht an mich binden, sondern sie in die Freiheit führen. Und da jeder Mensch zur Liebe begabt ist, kann auch jeder den Weg dorthin finden.

Nie ohne Beschäftigung!

Auch wenn wir oft behaupten, am liebsten immer Urlaub zu haben, so würden wir damit vielleicht nicht gut zurechtkommen. Das merkt man auch daran, dass man im Urlaub häufig eine gewisse Struktur schafft. Strukturen und Rituale vermitteln ein Gefühl der Sicherheit, der Berechenbarkeit. Im Zusammenleben mit Kindern und Tieren sind diese Strukturen und Rituale auch wichtig. Unsere Schutzbefohlenen müssen regelmäßig gefüttert und betüddelt werden. Während Kinder bald aus der Rundumpflege herauswachsen, bleiben Haustiere abhängig von unserer Fürsorge. Sie werden gefüttert, gebürstet, ausgeführt, Käfige und Katzenklos werden gesäubert und so weiter. Viele gut eingespielte Abläufe zwischen Mensch und Tier gliedern den Tag und geben beiden Halt. Häufig ahnen Menschen gar nicht, wie wichtig das für ihr Wohlbefinden ist. Man merkt es oft erst, wenn ein Tier gestorben ist. *Ich habe auf einmal so viel Zeit*, sagen sie dann. Manche wissen zuerst einmal kaum mehr, was sie tun sollen. Außer dem großen Schmerz um den Verlust des geliebten Wesens hinterlässt das Tier auch eine Lücke im Alltag, der neu gestaltet werden muss.

Morgens gehe ich gern in den Wald. Meistens treffe ich eine Frau in meinem Alter mit ihrem Boxer. Sie ist abgeschottet unter großen weißen Kopfhörern. Neulich waren sie vielleicht kaputt, sie hatte die

Ohren frei. Wir unterhielten uns. Ich sagte: »Sie gehen ja immer um die gleiche Zeit Gassi.«

»Aber nein«, erwiderte sie. »Der Ronnie und ich sind völlig spontan.«

Nun, so mochte sie es empfinden.

Hundebesitzer haben mir schon oft erzählt, wie wichtig regelmäßige Abläufe für Hunde seien. Ja, das mag sein, doch in erster Linie sind sie wohl für Herrchen und Frauchen wichtig. Hunde sind enorm anpassungsfähig. In der Natur gibt es keine festen Mahlzeiten. Kein Tier kann sich darauf verlassen, dass jeden Tag um siebzehn Uhr eine Maus, ein Hase, eine Ziege, was auch immer vorbeimarschiert. Meiner Meinung nach benötigt nicht das Tier, sondern eher der Mensch eine gewisse Struktur. Einfach in den Tag zu leben, uns in die Stunden fallenzulassen, uns treiben zu lassen, nicht genau zu wissen, wann was geschieht, das macht vielen Menschen Angst. Struktur gibt Sicherheit, und um zwanzig Uhr kommt die Tagesschau.

Unvergessen ist mir eine ehemalige Kundin, die nur Termine wahrnehmen konnte, die nicht mit den Fütterungszeiten ihrer Königspudel kollidierten. Aus diesem Grund schlug die mittlerweile verstorbene Dame auch manche Einladung aus. Kurioserweise erkrankte sie selbst eines Tages schwer, weil sie zu wenig Flüssigkeit aufgenommen hatte. Worauf sie bei ihren Hunden so sehr achtete, hatte sie bei sich selbst vergessen. Im Alter lässt das Geschmacksempfinden häufig nach. Manche Menschen schmecken kaum mehr etwas. Für sie ist es oft eine große Freude, wenn ihre Tiere sich auf den Napf stürzen. »Schau mal, wie's dem schmeckt!«, strahlen sie dann. Es ist fast so als würden sie über das Schmatzen und Schlingen des Tieres selbst ein wenig Geschmack erfahren.

Eine Journalistin erzählte mir, dass sie nach dem Tod ihres Hundes einen Burn-out erlitt: »Weil da keiner mehr war, der sagte: Leg mal eine Pause ein. Als meine Betty noch lebte, war der Tagesablauf klar. Morgens sind wir dreißig Minuten durch den Park gelaufen, dann habe ich gearbeitet und sie hat bis mittags geschlafen. Dann haben wir unsere große Runde durch den Wald gedreht. Danach habe ich eine Tasse Kaffee getrunken und weitergearbeitet, Betty hat bis zum Abendessen geschlafen. Danach sind wir noch mal kurz raus. So habe ich nie länger als vier Stunden am Stück gearbeitet. Als Betty weg war, habe ich morgens um acht angefangen und bis abends um acht durchgearbeitet. Das ist mir manchmal gar nicht aufgefallen, es war ja keiner mehr da, der mich mit feuchter Schnauze angestubst und mir gezeigt hat, dass jetzt mal eine Pause nötig wäre. Wenn die Betty noch am Leben gewesen wäre, hätte ich keinen Burn-out bekommen.«

Als ich dies hörte, verstand ich auch manche von Bettys Befindlichkeitsstörungen besser, die ich im Lauf der Jahre behandelt hatte. Nie etwas Schlimmes, immer Kleinigkeiten, aber solche, die ihr Frauchen vom Schreibtisch weglocken. Zum Beispiel Termine mit dem Wasserlaufband und Physiotherapie, die ich wegen Problemen mit dem Bewegungsapparat empfahl. Vielleicht hatte auch Frauchen ein bisschen Probleme mit der Bewegung, wenn sie so viel am Schreibtisch saß … im übertragenen Sinne. Aber ich spekuliere nicht wild durch die Gegend. Ich schaue mir jeden Fall ganz genau an, und jeder ist anders.

Je mehr Haustiere jemand hält, umso mehr Struktur stützt den Alltag. Ich erinnere mich an eine Rentnerin, die ihr Dasein alten und kranken Katzen gewidmet hatte. Zwischen sieben und neun Katzen lebten in ihrer Vierzimmerwohnung. Sie waren blind, taub, Diabetiker, dreibeinig, Epileptiker – und wenn eine gestorben war, holte Frau Müller aus dem Tierheim einen neuen Pflegefall. Die Katzen bewohnten zwei Luxuszimmer mit Kratzbaum und allem, was Katzen lieben. Von Animal Hoarding keine Spur, die Stubentiger waren sehr gepflegt. Frau Müller war den ganzen Tag beschäftigt, sie zu versorgen, die Klos zu reinigen, jeder Katze spezielle Medikamente zu verabreichen oder Ohren zu putzen und so weiter. Und wenn

Schwärzli und Vorwitz morgens nicht an der Stelle lagen, wo sie immer lagen, rief sie mich schon mal an, ob ich mal vorbeikommen könnte, da würde vielleicht was nicht stimmen. Alle in Frau Müllers Haushalt mussten sich an die Regeln halten, sogar am angestammten Platz zum Morgenappell erscheinen. Sie selbst war von früh bis spät so beschäftigt, dass sie gar keine Zeit hatte, nachzudenken. »Und das ist mir auch lieber«, erfuhr ich eines Tages von ihr und hörte dann ein paar Bruchstücke einer sehr traurigen Lebensgeschichte. Sie hat für sich das Beste daraus gemacht und hilft armen Katzen, die wiederum ihr helfen.

Die Kaninchenmeditation

Marlies Wittmann liebte Kaninchen. Von denen konnte sie gar nicht genug bekommen. Hin und wieder wurde sie gehänselt, erzählte sie mir gleich bei der Begrüßung, das läge wohl an ihrer Schwäche für Piloten. Ich verstand den Witz auch erst nicht, aber ihr Mann war Pilot und Kaninchen haben Segelfliegerohren. Außer einem Dutzend Kaninchen gehörten zwei pubertierende Kinder zur Familie. Meistens war Marlies mit den Kaninchen und Kindern allein zu Hause, ihr Mann flog Fracht, war zehn bis vierzehn Tage am Stück unterwegs. Er hatte nichts dagegen, dass die Kaninchen im Haus lebten, Hauptsache, Marlies fühlte sich wohl und ließ ihn seine Freiheit über den Wolken genießen. Vom Wohnzimmer aus hatte er eine Art Kanalsystem in den Garten gebaut, damit die possierlichen Tiere sich auch dort vergnügen konnten. Kaninchen mögen Spielmöglichkeiten auf unterschiedlichen Ebenen, damit sie ihren Hoppelsprung tun können. Auch Obstzweige, die man ihnen frisch vom Baum oder Strauch bricht, erfreuen sie. So haben sie etwas zum Schnuppern und Nagen. Die Zähne der Kaninchen wachsen übrigens lebenslang. Deshalb ist das Nagen so wichtig. Ich empfehle den Kaninchenfreunden in meiner Praxis, auf

Fertigfutter zu verzichten. Es ist meist gefärbt, mit Zucker und zu vielen hochkalorischen Kohlenhydraten versetzt. Diese Mischung macht dick und führt nicht selten zu Verdauungsstörungen bis hin zum Diabetes mellitus. Lieber gutes Heu geben, das fördert auch die Zahngesundheit.

Marlies' Kaninchen lebten wie im Paradies in dem großen Garten, in dessen Mitte ein modernes Passivhaus prangte. Alles in Bestlage mit Blick über ein Tal. Kaninchen sind sehr soziale Wesen, aber sie bleiben lieber unter sich. Man sollte sie nicht zusammen mit anderen Arten halten. Mit Meerschweinchen zum Beispiel können sie nicht kommunizieren, das wäre ungefähr so, wie wenn uns Ameisen als Gesellschafter zur Seite gestellt würden.

Bei meiner ersten Visite im Kaninchenparadies hatte der zweijährige Fritz Durchfall. Marlies machte sich Sorgen, er könnte seine Kameraden anstecken.

»Was bekommt er denn zu fressen?«, erkundigte ich mich.

»Nur das Beste«, sagte Marlies stolz und zeigte mir das Hochleistungsfutter in Pelletform.

Als erste Maßnahme schlug ich vor, auf Kraftfutter zu verzichten. Alle Kaninchen sollten ausschließlich Heu bekommen, denn das ist ihr Grundnahrungsmittel. Idealerweise ergänzt man es mit etwas Frischem: Möhre, Apfel, Chicorée, Gurke, Zucchini.

Marlies reichte mir ein Plastikschächtelchen. »Hier ist eine Kotprobe von Fritz.«

»Sie sind aber gut vorbereitet!«, staunte ich, nahm die Probe aber nicht entgegen, sondern erklärte Marlies, dass ich damit lieber noch warten wollte. Denn sonst würden wir ja das Problem untersuchen. Ich rechnete damit, dass der Durchfall aufhören würde, sobald sie das Futter umstellte, denn dadurch würde sich etwas im Verdauungssystem ändern. Und genauso war es.

Der nächste Patient im Kaninchenparadies war Blinki, sie litt an einem Hautausschlag. Wegen einer Ohrenentzündung lernte ich bald danach Schneeflöckchen kennen. Und so ging es weiter, bis ich innerhalb eines Jahres Karteikarten für ein Dutzend Kaninchen angelegt hatte. Es handelte sich nie um ernste Erkrankungen, stets waren es Kleinigkeiten. Nun war es nicht so, dass ich Marlies ungern aufsuchte, die Strecke war schön, ich fahre gern Auto, und mittlerweile duzten wir uns. Doch es beschäftigte mich, dass die Kaninchen ständig krank waren – obwohl sie doch im Kaninchenparadies lebten. Ich fragte mich, was dahintersteckte, steckte überhaupt etwas dahinter, oder war das Zufall?

Bei der nächsten Visite, der sechsjährige Sultan, der älteste der Kaninchenbande, hatte eine Augenentzündung, fragte ich Marlies, wie viel Zeit sie täglich mit ihren Kaninchen verbringe.

»Zwei Stunden Minimum«, sagte sie, zögerte. »Also wenn eines krank ist oder es mehr zu tun gibt. Sonst eineinhalb.«

»Ist das nicht stressig, schließlich arbeitest du in Vollzeit?«, fragte ich.

Da strahlte sie mich an. »Aber nein! Meine Kaninchen sind die reinste Erholung. In meinem Job bin ich den ganzen Tag am Rennen. Manchmal habe ich nicht mal Zeit, zur Toilette zu gehen. Und dann die Raserei, damit ich rechtzeitig zu Hause bin, wenn die Kinder von der Tagesschule kommen. Ich möchte schon gern, dass wir das Abendbrot gemeinsam einnehmen. Die Zeit mit meinen Kaninchen ist nur für mich, manchmal die schönste am Tag. Je mehr Arbeit sie mir machen, desto besser, denn dabei entspanne ich mich vollständig.«

Einigermaßen verblüfft schaute ich sie an. Damit hatte ich nicht gerechnet. Ich musste lachen, wie immer, wenn mich das Leben so wunderbar überrascht. Am besten man denkt sich vorher gar nichts aus, weil es dann sowieso nicht stimmt, das erfahre ich immer wieder. Ich hatte angenommen, die Versorgung gerade auch der kranken Kaninchen wäre eine Belastung für Marlies. Nun hörte ich, dass das Gegenteil zutraf. Kein Wunder, dass die Kaninchen da so dienstbeflissen Symptome lieferten. Bei jeder neuen Kleinigkeit musste Marlies andere Medikamente besorgen, neue Anweisungen verinnerlichen, hier mal träufeln, dort einreiben, dann genau beobachten … Es machte ihr Freude, ihre Lieblinge so zu umsorgen, und offensichtlich gönnten ihr die lieben Kaninchen diese Freude.

Aber was wäre, wenn Marlies keine Kaninchen um sich hätte, fragte ich mich. Würde sie dann diese Befindlichkeitsstörungen am eigenen Leib ausbaden, anstatt dass die Kaninchen sich zur Verfügung stellten? Wir hatten schon einige vertrauliche Gespräche miteinander geführt, so zögerte ich nicht und fragte Marlies einfach.

»Kannst du dir ein Leben ohne Kaninchen vorstellen?«

»Niemals!«, rief sie wie aus der Pistole geschossen. »Da würde ich ja Panik kriegen!«

»Panik?«, wiederholte ich fragend.

»Na, ich bin jemand, der immer eine Struktur braucht, immer was tun muss. Mich einfach mal so aufs Sofa setzen, nein, das ist nichts für mich, da kriege ich Depressionen.«

»Sind die Kaninchen denn dann eine Art Ablenkung?«

»Wovon?«, fragte Marlies.

Ich zuckte mit den Schultern, denn ich konnte ja wohl schlecht sagen: Von dir selbst. Außerdem war mir das auch zu menschenpsychologisch. Es war mir eben einfach in den Sinn gekommen.

Marlies war nun ein bisschen nachdenklich. »Na ja, vielleicht ist doch ein bisschen was dran. Weißt du, mein Mann ist ja so selten zu Hause, und die Kinder sind bald flügge … Ich neige ein wenig zum Grübeln.«

»Aber die Kaninchen hast du doch schon ewig?«

»Ja, doch je größer die Kinder wurden, desto mehr habe ich angeschafft. Als meine Kinder klein waren, hatte ich nur ein Pärchen. Jetzt sind es knapp zehn.«

»Dreizehn«, grinste ich; ich hatte vorhin erst durchgezählt, auch diejenigen, die in Pension bei Marlies waren, denn nebenbei betrieb sie noch eine Kaninchenpension.

»Wenn ich nichts zu tun habe, dann besteht bei mir die Gefahr, dass ich auf komische Gedanken komme«, vertraute Marlies mir an.

»Was denn für Gedanken?«, fragte ich.

»Na, wer mich überhaupt braucht«, sagte sie, schniefte.

»Die Kaninchen!«, rief ich, als wäre das eine Erkenntnis.

Marlies wechselte abrupt das Thema. Sie mochte ihre Gründe haben und von dieser Stelle aus konnte sie allein weiterforschen. Es stand mir nicht zu, in Marlies' Schutzzone einzudringen.

Ich hörte zwei Monate nichts von Marlies. Das war ungewöhnlich. Dann rief sie an, ihre Stimme klang fröhlich. Sie hatte zwei Neuzugänge und wollte gern einen Termin zur Kastration ausmachen.

»Und wie läuft's im Kaninchenparadies?«, erkundigte ich mich.

»Wunderbar. Alle gesund und munter«. Marlies Strahlen drang durchs Telefon, gerade so als hätte sie unser Gespräch vergessen, doch im Unbewussten hatte es anscheinend weitergewirkt – und das war bei ihren Kaninchen angekommen.

Ruhepole

Manche Menschen können sich selbst nur sehr schwer Entspannung gönnen. Von morgens bis abends sind sie am Werkeln. Ich verstehe das gut, so bin ich auch erzogen worden: immer etwas tun, immer etwas leisten, Müßiggang ist aller Laster Anfang. Wie kann man sich da selbst austricksen? Indem man vordergründig fleißig ist – Käfige saubermachen – und hintergründig entspannt, weil man seine Kaninchen beobachtet, sie streichelt, ihre Gegenwart genießt.

Vielen Menschen fällt es leichter, für ihre Freizeit zu kämpfen, wenn sie an die Versorgung eines Tieres gekoppelt ist. Nicht sie wollen spazieren gehen, der Hund muss raus. Nicht sie möchten jetzt auf dem Sofa liegen, die Katze braucht ihre Streicheleinheiten. Dafür hat jeder Verständnis. So wirken Haustiere als legale Umwege, um die Bedürfnisse des Menschen zu stillen, die daherkommen, als seien sie ein selbstloser Akt, um die Bedürfnisse des Tieres zu stillen. Eine feine Sache – die man sich allerdings bewusst machen sollte, weil man dann besser für sich selbst einstehen kann. Nur wenn wir uns selbst lieben, können wir auch andere lieben. Und was spricht eigentlich dagegen, für unsere Bedürfnisse einzustehen? Manche Menschen haben Angst, für egoistisch gehalten zu werden. Aber ist das wirklich so schlimm? Steckt da nicht manchmal vielleicht sogar ein bisschen Neid dahinter, wenn jemand sich Gutes gönnen kann? Und der kommt dann ganz verquer heraus:

Die hat wohl nichts zu tun, wenn sie am helllichten Nachmittag spazieren geht.

… Hätte sie einen Hund dabei, hätte sie eine Berechtigung – nicht nur anderen gegenüber. Manchmal brauchen wir das vor allem für uns selbst. Neulich traf ich beim Einkaufen eine meiner früheren Kundinnen. Ihr Golden Retriever Pascha war seit zwei Jahren tot. »Ich habe zehn Kilo zugenommen«, erzählte sie mir. »Ich bewege mich ja kaum mehr. Ich bin eine richtige Stubenhockerin geworden.« Ohne Hund sah sie keine Veranlassung, spazieren zu gehen. »Wissen Sie«, vertraute sie mir an. »Deswegen will ich auch keinen Hund mehr. Da muss man ja immer raus.«

Ja, sie hatte es sich bequem in ihrem neuen Leben eingerichtet. Doch ich hatte ein bisschen das Gefühl, dass Spaziergänge ohne ihren Pascha sie traurig machen würden – und deshalb blieb sie lieber zu Hause und etikettierte die Aktivitäten mit Hund zur Pflicht um.

Haustiere sollten keine Pflichten sein. Doch manchmal geraten sie in die Mühlen unserer eigenen Pflichten – und nicht selten erkranken sie, um ihre Menschen zu stoppen …

Rastlos

Ninas Leben bestand aus Sport. Die attraktive Frau in den Zwanzigern betrieb seit ihrer Kindheit Leichtathletik und Beachvolleyball und trainierte nun für ihren ersten Triathlon. Nina war geradezu besessen von ihrem Sport, ihr ganzes Leben war ihren Trainings- und Ernährungsplänen unterworfen. Sie hatte keine Freunde, sondern Trainingspartner und für eine Beziehung sowieso keine Zeit. Auch ihren Hund hatte sie in Bezug auf seine Tauglichkeit für ihr Hobby ausgesucht. Dem Dalmatiner Frodo machte das Rennen ebenso viel Spaß wie ihr – zumindest behauptete sie das, indem sie auf die Geschichte dieser Rasse verwies. Früher wurden Dalmatiner als Begleithunde für Reiter und Kutschen eingesetzt. Frodo stammte aus einer hervorragenden Zucht, und deshalb war Nina auch fast ein wenig empört, als er sich einen Kreuzbandriss zuzog. Wie konnte Frodo sie in der letzten Vorbereitungsphase auf den Triathlon so im Stich lassen? Das formulierte sie zwar nicht offen, doch der Stachel der Enttäuschung saß tief. Nina suchte mich auf, weil ihr zwei Tierärzte zu einer sofortigen Operation geraten hatten. Diese würde jedoch eine dreimonatige Schonung nach sich ziehen. So lange wollte, »was heißt hier wollte!«, *konnte* Nina nicht warten. Ihre Frage an mich war es, ob ich Frodo naturheilkundlich schneller wieder flott machen könnte.

Doch genau das Gegenteil ist der Fall. Naturheilkunde dauert in der Regel länger, wenn man einmal außer Acht lässt, dass eine schulmedizinische Behandlung Nachwirkungen zeigen kann, die die Genesung letztlich verlängern, auch wenn die Erstbehandlung schnelle Erfolge zeigen mag. Die Schulmedizin ist darauf ausgerichtet, Symptome rasch zu beheben. Wohlgemerkt, Symptome, was bedeutet, dass die Ursache eines Problems damit nicht ausgeräumt ist und das Problem in Gestalt eines anderen – oder gleichen – Symptoms erneut auftreten kann. Was aber dann oft gar nicht auf dasselbe Problem zurückgeführt wird. Es heißt dann beispielsweise, dass die Sehnen und Bänder einen Schwachpunkt darstellten – wenn zuerst die eine, dann die andere Achillessehne reißt. Auch beim Kreuzband sehen wir in der Praxis bei einem Hund oft beide Seiten betroffen. Die Instabilität im Knie führt zu Entzündungsreaktionen im Gelenk. Nach einer erfolgreichen Operation und konsequenter

Schonung kann der Patient nach circa zweieinhalb Monaten wieder gut laufen. Ein gerissenes Band sollte operiert werden, sonst kann es lebenslänglich Ausfallerscheinungen geben.

Das Knie steht beim Menschen sinnbildlich für das Vorwärtskommen im eigenen Leben. Es bildet die Verbindung zwischen Ober- und Unterschenkel. Den Oberschenkel ordnet man den Ahnen zu, den Unterschenkel der Gegenwart. Zwischen Vergangenheit und Gegenwart findet Reibung statt, und das Knie ist der Dreh- und Angelpunkt. Läuft alles gut geschmiert oder hakt es irgendwo? Zum Beispiel weil jemand sich für seine Familie aufopfert und kaum an sich selbst denkt, dass jemand stark in der Tradition der Vorfahren verwurzelt ist – wogegen ja nichts einzuwenden wäre, wenn die Gegenwart nicht zu kurz kommt. Ist zu viel Spannung im Oberschenkel, beeinträchtigt das die gesamte Statik, wie wir im Leben stehen, wie wir durchs Leben gehen. Viele Menschen leiden an Knieschmerzen – und schonen sich in der Folge. Für unsere Stabilität brauchen wir gesunde Knie, die uns durchs Leben tragen. Wir sollten sie nicht überlasten, aber auch nicht zur Bewegungslosigkeit verdammen, sonst schränken sie ihren Radius immer mehr ein – und wir mit ihnen.

Im Falle von Nina fragte ich mich spontan, weshalb sie Frodo bei ihrem Training nicht zu Hause lassen konnte. Vielleicht würde ich eine Antwort in der Anamnese erhalten. Nina machte einen sehr angespannten Eindruck und konnte kaum ruhig sitzen, sprang immer wieder auf. Ihre Gestik wirkte, als würde sie Gymnastik absolvieren. Ihr dreijähriger Rüde machte einen ziemlich erschöpften Eindruck, wirkte regelrecht ausgelaugt. Er hatte sich sofort unter den Tisch verkrochen und die Augen geschlossen wie jemand, der jede Gelegenheit zu einem Sekundenschlaf nutzt, weil er eine unendliche Müdigkeit in sich trägt.

Von Ruhen war Nina, die Triathletin, weit entfernt. Sie redete so schnell, als müsste sie gegen eine Uhr antreten und bombardierte mich mit Fragen. Sie wollte wissen, was passieren würde, wenn sie Frodo weiterlaufen ließe, gegen den Ratschlag der strikten Schonung: »Ich meine, man kann doch mal über seinen Schmerz gehen, oder?«

Es war mir schleierhaft, wie sie als Triathletin so wenig Ahnung von der Funktionsweise des Bewegungsapparates haben konnte. Ein gerissenes Band ist kein eingerissener Fingernagel. Doch vielleicht war sie es nicht gewöhnt, auf ihren Körper zu hören. Diese Frau war im wahrsten Sinne des Wortes auf der Flucht. Was würde sie tun, wenn Frodo wochenlang ausfiel? Ihn eintauschen gegen einen tadellos funktionierenden Trainingspartner? Das traute ich ihr zu – ohne sie dafür zu verurteilen. Sie konnte nicht anders. Irgendeine Angst peitschte sie durch ihr Leben, und Angst ist irrational. Angst schnürt die Liebe ab. Angst treibt an, und der Hund ist mitgehangen, mitgefangen.

In den letzten Jahren begegnen mir solche Hunde öfter. Aus falsch verstandener Tierliebe werden sie bis an die Grenzen ihrer Leistungsfähigkeit belastet. Herrchen und Frauchen glauben, sie tun dem Hund Gutes. Wie sich die Zeiten ändern!

Ich erinnere mich noch daran, als ich manchen Hundehaltern ins Gewissen reden musste, mehr mit dem Hund zu unternehmen, als jeden Tag zweimal dreißig Minuten die gleiche Strecke entlang zu schlendern. Heute bin ich öfter am Bremsen denn am Motivieren, besser gesagt ich motiviere zum Bremsen. Es sind oft die verantwortungsvollen Hundehalter, die ihren Gefährten zu viel zumuten. Sie wollen alles richtig machen und schießen dabei weit übers Ziel hinaus. Wie auch manche Menschen, die ihre Tage so vollpacken, dass sie kaum mehr zum Durchschnaufen kommen und von morgens bis abends am Rennen sind. Und genauso glauben sie, ihre Hunde auspowern zu müssen, die wie ein Punkt auf ihrer täglichen To-do-Liste abgearbeitet werden müssen. Gelegentlich kriechen solche Hunde abends im wahrsten Sinn des Wortes auf allen Vieren in ihren Korb, brechen dort zusammen und schlafen ohnmachtsähnlich bis zum nächsten Morgen, wenn es weitergeht. Mancher Hund würde sich dann wohl am liebsten die nicht vorhandene Bettdecke über den Kopf ziehen, so schreibt die Hundetrainerin Stephanie Lang von Langen in ihren Büchern, die im wahrsten Sinne des Wortes nicht müde wird, auf das Ruhebedürfnis von Hunden hinzuweisen. Aber Herrchen und Frauchen kennen keine Gnade beziehungsweise glauben, sie machen alles richtig. Ein Hund braucht doch Bewegung, und sie stehen ja selbst früher auf, um dem Vierbeiner am Morgen schon etwas zu bieten. Der wiederum würde nichts lieber tun, als noch ein bisschen zu schlafen. Aber viele Hundebesitzer könnten sich gar nicht vorstellen, dass ihr Liebling einen anderen Rhythmus hat. Hunde benötigen achtzehn Stunden Schlaf an einem 24-Stunden-Tag. Über den Tag verteilt haben sie mehrere Schlaf- und Wachphasen. Schlafen die Hunde zu wenig, werden sie nervös, gereizt, hibbelig, aufbrausend, bellen viel oder zeigen andere Verhaltensauffälligkeiten.

Wenn ein Hund döst oder schläft, ist er aus diesem Zustand nicht zu »erlösen«. Er schläft nicht, weil ihm langweilig ist oder er nichts Besseres zu tun hat. Er ist kein Mensch. Er hat andere Bedürfnisse als wir. Zu seinem guten Leben gehört Schlaf in Häppchen und Happen. Uns Menschen würde eine Siesta hin und wieder auch guttun, wie sie in südlichen Ländern genossen wird. Ich spreche hier aus eigener Erfahrung und kann eine Mittagsruhe wärmstens empfehlen.

Wenn ich mir etwas gewünscht hätte – wobei ich das eigentlich nie mache, ich fließe lieber mit dem, was ist –, wäre es gewesen, dass Nina ihr Herz für Frodos Schmerz öffnen könnte, denn damit würde sie ihr Herz für sich selbst öffnen. Ich hätte ihr gewünscht, sich auf das Abenteuer des Spazierengehens einlassen zu können. Gehen statt rennen. Durchschnaufen.

Sich mal auf eine Parkbank setzen. Atmen und schauen, einfach nur schauen. Den Hund streicheln. Gemeinsam die Natur betrachten. Anhalten. Genießen. Mit anderen Menschen ins Gespräch kommen. Langsam weitergehen. Da sein. Dankbar sein. Mit dem Herzen atmen und sich mit ihrem Hund verbinden.

Ohne ihr zu nahe zu treten, erklärte ich den Biorhythmus eines Hundes und die Funktion des Kniegelenks. Ich riet ihr, Frodos Ernährung mit Knochen- und Knorpelstrukturen zu ergänzen, die er zum Wiederaufbau benötigte, vor allem Glykosaminoglykane (GAG), sogenannte Knorpelschutzstoffe, die auch bei Arthrosen, egal ob bei Mensch oder Tier, gut helfen. Einer breiten Öffentlichkeit sind sie als Heparin oder Hyaluronsäure bekannt. Viele Hundebesitzer kennen auch die Heilkraft der neuseeländischen Grünlippmuschel Perna canaliculus. Sie ist besonders reich an GAGs und enthält zusätzlich entzündungshemmende Omega-3-Fettsäuren. Aus diesem Grund wird die Grünlippmuschel häufig für Hunde- und Katzensenioren empfohlen.

»Also kann ich den Triathlon knicken!«, rief Nina plötzlich, als hätte sie mir gar nicht zugehört. »Sie können mir auch nicht helfen. Bei Ihnen dauert es ja noch länger.«

»Ist es denn unmöglich, dass Sie eine Weile ohne Frodo trainieren?«, fragte ich.

»Wie soll denn das gehen?«, sagte Nina gepresst.

Da keimte ein Verdacht in mir. Frodo war nicht nur ihr Sportkamerad, er sollte sie auch beschützen. Vielleicht traute Nina sich ohne Hund gar nicht zu laufen. Was war in ihrem Leben geschehen? Wann und wie waren diese Ängste entstanden? Ich schaute den Hund an, der sich ganz klein gemacht hatte unter dem Tisch. Er hatte sich wahrlich eine schwere Aufgabe ausgesucht mit diesem Frauchen. Aber vielleicht würde der Kreuzbandriss etwas verändern zwischen den beiden?

Wie gesagt bin ich keine Menschenpsychologin, sondern Tierärztin. Doch unser Umgang mit Tieren ist eng verflochten mit unserer eigenen Geschichte, im Besonderen mit unserer Kindheit. Haustiere sind oft ein bisschen wie Kinder. Wir sorgen für sie, wir sind die Großen, die sich um die Kleinen kümmern. Ganz automatisch übertragen wir Gefühle aus unserer Kindheit auf unsere Haustiere. Aber eben auch unsere ungelösten Konflikte. Was Nina betraf, erfuhr ich erst viel später, dass sie die einzige Tochter eines extrem leistungsorientierten Vaters war, der es ihr lebenslang vorwarf, dass sie kein Junge geworden war. Wo er sich doch um alles in der Welt einen Sohn gewünscht hatte. Mit derselben Härte, mit der ihr Vater sie behandelte, ging Nina mit sich um – und mit Frodo. Doch erst durch die Erkrankungen des Hundes konnte sie weicher werden – anfangs nur mit ihm, später zu sich. Denn Frodo musste sich tatsächlich noch einen komplizierten Beinbruch zuziehen – beim aus dem Kofferraum Springen! Nina suchte mich abermals auf und bat um homöopathische Unterstützung für Frodos Genesung. Als ich sie nach dem Triathlon fragte, zeigte sie mir ein Foto von Frodo in einem Sport-Kinderwagen. »Ich ziehe oder schiebe ihn. Ist ein super Krafttraining. Aber den Triathlon habe ich mir abgeschminkt. Joggen reicht doch auch, oder?«

»Ja!«, bestätigte ich sie froh.

Nie mehr schutzlos!

Auch wenn nur wenige Hunde als Schutzhunde ausgebildet sind, fühlen sich viele Menschen mit einem Hund sicherer. Selbst der liebste Hund könnte in einer Notsituation die Zähne fletschen. Ich kenne Frauen, die sich ohne Hund niemals so unbeschwert in der Natur bewegen würden, durch Wald und Feld streifen, unbesorgt, weil sie ihren Gefährten an der Seite wissen, und wenn es ein Dackel ist. Auch Männer kennen das Gefühl, wenngleich sie das eher für sich behalten.

Neulich hat mich eine Freundin mit ihrem Hund besucht, und ich habe seine Begleitung auf meinen morgendlichen Streifzügen durch den Wald sehr genossen. Das war ein ganz anderes in der Natur Sein, gemeinsam mit dem Labrador. Es hat mir gut gefallen. Gleichzeitig habe ich jedoch wahrgenommen, dass ich mich durch den Hund von meiner Umgebung distanzierte. Meine Aufmerksamkeit richtete sich oft auf den Vierbeiner. Zwischen mir und den Menschen und Tieren, denen ich begegnete, stand nun noch dieser schwarze Hund. Ich wurde ebenfalls anders wahrgenommen. Man kam mir vielleicht ein bisschen vorsichtiger entgegen, wenngleich es ein lieber Hund ist. Obwohl ich mich eigentlich nie unsicher fühle, und ich schaue auch keine Krimis, die ein solches Gefühl entfachen können – seit einigen Jahren lebe ich ohne Fernseher –, merkte ich, dass der Hund mir Sicherheit vermittelte. Das fand ich alles sehr spannend. So sehen meine Krimis aus!

Auf dem Heimweg liefen wir an einem Grundstück mit dichter Hecke und Zäunen entlang. Am eisernen Tor prangt dort ein großes Schild mit dem Bild einer Bulldogge: Hier wache ich! Als Nachbarin weiß ich, dass dort gar keine Bulldogge wohnt und auch kein Rehpinscher. Die Bewohner des Hauses fürchten sich wohl vor Einbrechern. Manche Leute hängen auch Hundeleinen vor die Tür oder stellen riesige Näpfe auf, um zu signalisieren, dass sie gut bewacht werden. Da würde ich manches Mal gern fragen, wovor und wieso. Aber ich frage nicht, sondern gehe weiter meiner Wege. Mal mit Hund, mal ohne, und beides ist schön und hat seine Qualitäten.

Ich lebe so gern und ich kann das auch ohne Tier in meiner Nähe fühlen. Ich weiß aber, dass viele Menschen Tiere benötigen, um Zugang zu ihrer eigenen Lebendigkeit zu finden. Das Tier hilft ihnen dabei, sich mit der Natur zu verbinden, sich gut zu fühlen. Es bringt Schwung in die Bude. Ja, das ist schön, doch letztlich sollten wir das auch ohne die Hilfe der Tiere schaffen. Wenn nicht in diesem Leben, so in einem nächsten …

Haarsträubende Probleme

»Frau Doktor, also ich wollte mal fragen, ob das normal ist.« Wenn ich diesen Satz höre, folgt meistens ein Konflikt zwischen dem Wesen des Tieres und dem Bild, das sich ein Mensch von dem Tier gemacht hat. Das geschieht häufig, wenn jemand zum ersten Mal ein Tier anschafft, meistens bereits mit Gedanken im Hinterkopf, was das Tier positiv verändern soll. Es soll beispielsweise dafür sorgen, dass man regelmäßig an die frische Luft geht, dass man sich bewegt, dass man leichter in Kontakt mit anderen Leuten kommt, dass man nicht so allein ist, dass man was zu lachen hat, dass man Unterhaltung hat, dass man Körperkontakt genießen kann, dass es einem nicht langweilig wird, dass man sich um jemanden kümmern kann, dass man ein Wesen zum Kuscheln hat, dass einen andere toll finden, dass man interessanter wird, dass man Gesprächsstoff hat und so weiter und so weiter.

Das Tier ist aber erst mal ein Tier. Und ich finde, das könnte genügen, denn Tiere sind wunderbare Geschöpfe. Doch häufig stellen seine Menschen Ansprüche, manchmal sehr hohe. Das betrifft nicht nur seine Folgsamkeit und Reinlichkeit, sondern auch sein Verhalten. Und zuweilen werden ihm Fähigkeiten abverlangt, die es gar nicht erfüllen kann, weil es eben ein Tier ist, das über andere Möglichkeiten verfügt als ein Mensch – und auch andere Bedürfnisse hat. Das verstehen manche Menschen nicht. Sie beschweren sich: »Isch habm doch schon so oft gesagt, dass er sich in der Küche nimma schüddeln soll!«

»Wie soll Ihr Hund das verstehen?«, frage ich.

»Na, der versteht doch sonst oo alles!«

»Frau Doktor, ist das normal, wenn mein Hund sich dauernd kratzt.«

»Hat er haarlose Stellen?«

»Nein.«

»Wacht er in der Nacht auf, um sich zu kratzen?«

»Der schläft wie ein Murmeltier.«

»Gibt es Hautveränderungen?«

»Nein, aber er kratzt sich.«

»Wahrscheinlich ist es ganz normale Fellpflege. Ich schau es mir mal an.«

Wenn ein Mensch von seinem Tier enttäuscht ist oder wütend wird, weil es sich anders verhält, als er das möchte, gerät die Beziehung in eine Schieflage. Ursache dafür ist also immer eine Erwartungshaltung. Auch im zwischenmenschlichen Bereich sind Erwartungen Gift. Am besten wäre es, wir würden nichts von anderen erwarten, dann werden wir auch niemals enttäuscht und können andere Menschen so sein lassen, wie sie sind. Wir messen sie dann nicht an unseren Erwartungen, zu denen wir genau betrachtet gar kein Recht haben. Jeder ist das Zentrum seiner eigenen Welt, und wieso sollen andere meine Erwartungen erfüllen? Als ich das eines Tages begriffen habe, war das ein großer Schritt in die Freiheit. Ich lebe seither zufriedener und oft sogar ziemlich glücklich und ich würde meinen gesünder. Denn in der Freiheit von Erwartungen spart man sich viele negative Gefühle, wenn etwas nicht so verläuft wie erhofft – man hat weniger Stress. Der ist übrigens meistens hausgemacht, wie ich auch an gewissen Fragen höre:

Warum muss der nachts immer über den Boden tappern?

Wieso verliert die so viele Haare?

Warum kratzt die sich, da rieselt es nur so?

Kann die auch leiser schnurren?

… als wären das Krankheiten.

Ich erkläre dann, dass dies keine Krankheiten sind, sondern zum Tier gehören.

»Kann man das ausschalten?«

»Nein.«

»Ja, das habe ich mir anders vorgestellt.«

Ich überspitze hier absichtlich, um daran zu erinnern, dass Tiere andere Bedürfnisse als Menschen haben. Und im Gegensatz zu uns keine Erwartungen an ihre Herrchen und Frauchen. Sie erwarten nicht, dass wir vor einem Mausloch sitzen, uns in Igelscheiße wälzen oder rohes Fleisch hinunterschlingen. Sie würden sich auch nicht bei Frau Doktor erkundigen, ob ihrem Menschen etwas fehle, weil er Artgenossen vorne statt am Hinterteil begrüßt.

Gerade was die Reinlichkeit des Tieres betrifft, legen manche Menschen hohe Maßstäbe an. Wenn ein Tier Harn oder Kot nicht halten kann, führt das nicht selten zu seiner Entfernung, je nachdem, wie belastend das vom Menschen erlebt wird. Fatal ist es natürlich, wenn eine Harninkontinenz als Folge einer Kastration auftritt, die das Tier ja wahrscheinlich nicht gewollt hätte. Der Mensch hat das so entschieden und ist nun genervt davon, dass es tröpfelt. Für diese relativ häufig auftretende Begleiterscheinung gibt es allerdings gute Behandlungsmöglichkeiten. Manchmal steckt aber mehr dahinter, als man auf den ersten Blick glauben würde. Oft werde ich nach dem Unterschied zwischen Sterilisation und Kastration gefragt. Bei der Sterilisation werden nur die Eileiter oder Samenstränge durchtrennt. Alle Sexualfunktionen bleiben erhalten, doch es gibt keinen Nachwuchs. Bei der Kastration werden die hormonproduzierenden Drüsen entfernt – Eierstöcke oder Hoden –, sodass der Fortpflanzungstrieb erlischt. Wenn in einem Haushalt oder Haus ein Rüde und eine Hündin leben, muss oft einer dran glauben, weil wir Menschen es als stressig empfinden. In einem solchen Fall ist Agnus castus ein wunderbares Homöopathikum für den Rüden, der am Rad dreht.

In den USA werden fast alle Hündinnen frühkastriert, vor der ersten Läufigkeit. Damit unterbinden wir ihre normale Entwicklung. Ich habe das früher auch gemacht. Heute bin ich dagegen, selbst wenn als Vorteil angeführt wird, dass dann das Risiko, Mammatumoren zu entwickeln, sehr gering sei, da die Hormone nicht in Gang kommen. Aber es kommt eben auch keine Entfaltung der Persönlichkeit des Hundes in Gang. Eine Sterilisation oder

Kastration bedeutet außerdem immer einen Eingriff unter Vollnarkose, und das würde ich nach Möglichkeit vermeiden, da sie gewisse Risiken birgt.

Trauertropfen

»Eigentlich war ich nur die Pflegemama für Svenja«, erzählte mir Frau Laubach. Sechs Jahre lang war die zierliche Frau mit der Hündin ihrer Nachbarin täglich einmal Gassi gegangen. Ihr Sohn hatte eine Tierhaarallergie, deshalb konnte die Hundefreundin keinen eigenen Hund halten und war sehr froh über dieses Arrangement. Nun siedelten ihre Nachbarn jedoch nach Australien um, ihr Sohn war ausgezogen, und so hatte Frau Laubach die Irish Setter Hündin übernommen. Was sie dabei nicht bedacht hatte, war der hohe Putzaufwand. Denn Frau Laubach legte allerhöchsten Wert auf Sauberkeit. In ihrer Dreizimmerwohnung gab es keinen Zentimeter, an dem man nicht vom Boden hätte essen können. Ihr Sortiment an Putzmitteln nahm einen ganzen Schrank ein, ja sie besaß sogar Gummihandschuhe für jedes Produkt. Obwohl man in der Wohnung unter sterilen Bedingungen hätte operieren können, war Frau Laubach täglich mehr als eine Stunde mit Scheuern, Wischen und Polieren beschäftigt.

Svenja war ein Störfaktor in dieser Umgebung, und zu allem Unglück verlor sie nun auch noch Urin. Frau Laubach hatte gehört, dass es Hormontabletten gegen diese lästige Undichtigkeit gab. Da sie selbst jedoch vor einem Monat auf biologisch abbaubare Putzmittel umgestellt hatte und prinzipiell mehr auf natürliche Produkte setzen wollte, war sie an einer naturheilkundlichen Alternative interessiert. In der Tat gibt es gute pflanzliche Therapeutika für dieses Problem. Ich empfehle Causticum Hahnemanni. Sehr gut wirken auch ätherische Öle wie aus Zypresse, Lavendel und Ölmischungen aus erdenden Ölen: 1:10 mit Trägeröl, zum Beispiel Kokosöl, verdünnen und sanft den Bauch massieren.

Doch waren die paar Tröpfchen, die der Hund verlor, das Problem oder nicht eher Frau Laubachs Perfektionismus? Warum hatte sie den Hund überhaupt aufgenommen, es war ihr doch klar, dass er Schmutz in die Wohnung tragen würde.

Nachdem Frau Laubach Vertrauen zu mir gefasst hatte, erzählte sie mir, dass sie mittlerweile manchmal selbst unter ihrem Reinlichkeitsbestreben litt. Alles hatte damit angefangen, dass ihr Mann sie verlassen hatte. Er wohne nun bei seiner Kollegin, wurde sogar noch einmal Vater. Das hatte sie so wütend gemacht, dass sie in der Trennungsphase wie besessen geschrubbt hatte. Irgendwie hatte ihr das Erleichterung verschafft. Doch dann hatte sich das Putzen verselbstständigt. Vielleicht hatte sie geglaubt, Svenja würde ihr dabei helfen, etwas lockerer zu sein, doch das Gegenteil war der Fall. Sie putzte jetzt noch mehr, und nun war eben auch noch das Harnträufeln aufgetreten. »Und das war der Tropfen, der das Fass zum Überlaufen brachte«, sagte Frau Laubach, realisierte, was sie gesagt hatte, lächelte gequält.

»Es ist nun mal ein alter Hund«, seufzte sie.

»Nein, mit sechs Jahren ist Svenja kein alter Hund. Sie ist im besten Alter«, widersprach ich.

»Das sagt man von mir auch«, sagte Frau Laubach. »Aber meine gute Zeit ist vorbei.«

Es klang bitter. Doch ich spürte, dass die Bitterkeit erstarrte Traurigkeit war. Nun, bei Svenja, da floss noch etwas. Der Hund weinte die Tränen, die Frau Laubach wegschrubbte.

So ungefähr stellte sich das Bild für mich dar, doch wie konnte ich den beiden helfen?

Ich empfahl Frau Laubach, täglich aus zwei Metern Höhe ein Ei auf den Küchenboden fallen zu lassen. »Beobachten Sie, was dabei in Ihnen geschieht. Wie lange können Sie die Situation aushalten, dass da etwas liegt, was da nicht hingehört?«

Sie starrte mich entgeistert an, dann schlug sie die Hand vor den Mund, rang nach Luft und bekam schließlich einen Lachanfall. Er hörte sich an, als würde der Panzer ihrer Perfektion platzen.

Des Pudels Kern

Mit Perfektionismus und Reinlichkeitsproblemen habe ich öfter zu tun, was ja bei Haustieren keine Überraschung ist. Wären sie in einem Stall untergebracht, würden wir uns weniger an manchem Hygienedefizit stören, also in unseren Augen. Tiere würden wohl kaum bei sich von einem Hygienedefizit sprechen; sie sind so, und so wie sie sind, sind sie genau richtig. Aber eben nicht für manche Wohnräume. Kurioserweise treten gerade in Gesellschaft von Menschen, für die Sauberkeit sehr wichtig ist, vermehrt Sekretabsonderungen auf. Da leiden die Tiere dann an nässenden Hautekzemen, sie sabbern oder haben Durchfall, verlieren Urin … oder Rotz, so wie Anton. Der vierjährige Pudel litt an chronischem Schnupfen. Als Auslöser wurden Pseudomonaden festgestellt, gegen die er ein Antibiotikum bekommen hatte, nachdem das Schleimlösemittel und ein Abwehrkräfte steigerndes Präparat keine Besserung gebracht hatten. Eine gute veterinärmedizinische Praxis setzt nicht irgendein Antibiotikum ein, sondern führt zuerst ein Antibiogramm durch. Mithilfe eines Abstrichs aus der Nase werden jene Bakterien aufgespürt, die für die Entzündungsreaktion verantwortlich sind. Pseudomonaden sind ein weitverbreiteter Boden- und Wasserkeim. Er kommt in feuchten Milieus vor, nicht nur in Oberflächengewässern und feuchten Böden, sondern auch in Gebäuden, im Sanitärbereich und im Leitungswasser. Das richtige Antibiotikum zu finden, ist entscheidend.

Doch weiterhin floss aus beiden Nasenlöchern eitriges Sekret. Und das in einem zwar nicht sterilen, aber doch sehr sauberen und ausnehmend geschmackvoll und stilsicher eingerichteten Einfamilienhaus. Im Souterrain hatte Frau Stein ihre Kosmetikpraxis. Sie selbst war wie aus dem Ei gepellt und völlig verzweifelt wegen Antons Unpässlichkeit, wie sie es nannte. Anton rotzte aus vollen Rohren. Im Gespräch hatte Frau Stein eine Packung Taschentücher in der Hand und tupfte unentwegt an der Nase des Hundes herum. In der anderen Hand hatte sie Desinfektionstücher, mit denen sie über die Flächen wischte, die er besprenkelte.

Hätte ich mein Herz nicht für die beiden geöffnet und ihr Leid gespürt, so hätte ich lachen müssen, grotesk wie die Situation war. Hier die sehr gepflegte Frau, dort der ebenfalls gepflegte, aber eben fürchterlich verschnupfte Hund. Die Hundenase ist viel empfindlicher als die des Menschen. Sie kann auch sensibel auf Putzmittel, Zigarettenrauch und Parfüms reagieren. Ferner können Zahnerkrankungen zu Nasenausfluss oder Schwellungen führen. Und natürlich Fremdkörper, insbesondre Grannen. Das passiert häufig im Frühling, wenn Hunde durch Wiesen und Kornfelder stromern. Wegen ihrer feinen Widerhaken können die Grannen nicht ausgeniest werden. Aber alle diese Ursachen hatte der Tierarzt bei Anton ausgeschlossen. Und Frau Stein war mit den Nerven am Ende.

»Ich habe zu nichts mehr Zeit«, sagte Frau Stein. »Ich bin den ganzen Tag damit beschäftigt, hinter Anton her zu putzen.«

»Warum lassen Sie ihn denn nicht in den Garten?«, fragte ich. Der war ziemlich groß, und dort könnte Anton nach Lust und Laune niesen.

»Wegen der Eichhörnchen. Meine Nachbarn sind beim Eichhörnchen-Notruf aktiv und haben zehn Pärchen ausgesetzt, ich habe das Gefühl, die Hälfte davon lebt jetzt bei uns. Das ist mir zu gefährlich. Außerdem kann Anton sich so gleich daran gewöhnen, im Haus zu bleiben«, fügte Frau Stein hinzu.

»Wieso soll er das?«, fragte ich.

»Wir wohnen nicht mehr lang hier, und in unserem neuen Zuhause wird es keinen Garten geben.« Sie atmete schwer, es hörte sich fast wie ein Schluchzen an. Diesmal musste ich nicht nachfragen, sie fügte es traurig an. Und es war wohl des Pudels Kern. Das Architekturbüro von Herrn Stein war durch die Insolvenz eines Großkunden in die Bredouille geraten. In zwei Monaten würden die Steins ausziehen.

»Aber ist es dann nicht egal, ob Anton auf den Boden niest?«, fragte ich erstaunt und dachte, dass der Hund genau das machte, was Frauchen wohl auch gern täte. Nach dem Motto: Alles Elend mal rausrotzen.

»Da bin ich nicht der Typ dafür«, sagte sie. »Und wir müssen das unbedingt in den Griff bekommen. In Zukunft werden wir nur noch drei Zimmer haben, keine zweihundertzwanzig Quadratmeter mehr.«

Die Nase ist das zentrale Organ des Hundes. Mit der Nase nimmt er Kontakt zu seiner Umwelt auf, zu Artgenossen, er orientiert sich mit der Nase, beschnuppert … und all das war nur noch eingeschränkt möglich. Gleichzeitig ist eine solche Entzündung mit Sekretion auch ein Reinigungsprozess.

»Ich habe eine Idee«, sagte ich, hatte schon einen Plan, wie wir vorgehen konnten, um Antons Schnupfen zu behandeln, und Frau Stein folgte meinen Vorschlägen. Sie stellte Diffuser im Haus auf. Eine Ölmischung aus Wintergreen, Lavendel und Nelke. Die Nelke ist das kraftvollste natürliche Antioxidans, also ein natürliches Antibiotikum, und Lavendel dient der Entspannung und lindert Stress. Außerdem empfahl ich eine Nahrungsumstellung auf Rohfutter, denn Antons Organismus brauchte eine Stärkung, um mit den Erregern fertig zu werden, und sein Immunsystem sollte besser in Schwung kommen.

Zwei Wochen danach rief Frau Stein mich an. »Stellen Sie sich vor!« Sie schrie fast ins Telefon. »Jetzt habe ich Schnupfen! Dabei habe ich schon so lange keinen mehr gehabt. Aber beim Anton ist es dafür ein bisschen besser. Bei meinem Mann hat es sich sogar auf die Nebenhöhlen geschlagen. Der hat die Nase also auch voll und wie! Behandeln Sie eigentlich auch Menschen oder nur Tiere?«

Ja, die Steins hatten die Nase voll.

»Tiere«, lachte ich. »Aber für Schnupfen gibt es eine Menge guter Hausmittel, und ansonsten müssen Sie da einfach durch. Drei Tage kommt er, drei Tage bleibt er, drei Tage geht er.«

Wir verabredeten, dass Frau Stein sich melden würde, wenn Antons Schnupfen sich nicht besserte. Ich habe nie wieder etwas von ihr gehört … also gehe ich davon aus, dass die Nasen frei sind. Manchmal erfahre ich erst viel, viel später, wie etwas weitergegangen ist. Oft wenn jemand ein neues Tier anschafft. So war es bei Herrn Gasch. Er brachte nicht nur seinen neuen Mops zu mir, sondern auch eine neue Kundin, seine Großtante, und sie war ein schwerer Fall.

Der Hund der Witwe

Nein, das Leben war nicht mehr schön für Frau Kranz. Ein Jahr nach dem Tod ihres Mannes war die nierenkranke Sechzigjährige dialysepflichtig geworden und musste nun dreimal wöchentlich zur Blutwäsche. Ohne Fritz, den alten Jagdhund ihres Mannes, würde sie gar nicht mehr leben wollen. Doch den Fritz, den wollte sie nicht im Stich lassen, das hätte ihr Karl, ihr verstorbener Mann, niemals verziehen. Und irgendwie war der Hund ja auch ihr Erbe. Alle hatten gesagt, die beiden würden sich ähnlich sehen, was sie niemals bejaht hätte. Wie soll ein Mann wie sein Hund aussehen? Mochte das bei anderen so sein, bei ihrem Karl war das nicht der Fall. Trotzdem war es nun ein bisschen so, als würde Karl in Fritzens Gestalt auf sie schauen. Also musste sie auch auf den Hund schauen. Der Deutsch Drahthaar machte es ihr leicht. Hatte er sie zu Karls Lebzeiten meistens ignoriert, drückte er sich nun eng an sie, und wenn sie sich in Karls Lehnsessel setzte, legte er sich neben sie. Gerade in den ersten Wochen war ihr der Hund eine große Stütze gewesen. Der Hund war Zeuge von Karls Tod in der Wildkammer. Beim Aufbrechen eines Rehbocks war er tot zusammengebrochen. Er hat nichts gespürt, hatte der Arzt gesagt. Das war ein bisschen ein Trost und auch, dass er am Ende noch so einen schönen Bock geschossen hatte. Und so waren sie nun übriggeblieben, Fritz und sie.

Längst vergessen waren ihre Vorbehalte gegen Fritz. Einmal hatte sie sogar gesagt, dass sie ausziehen würde, wenn Karl noch mal einen Hund holte. Aber nur ganz leise. Denn sie hatte noch nie eine Chance gegen die Hunde gehabt. Doch nun mit Fritz war alles anders.

Elf Jahre war er, und wenn Frau Kranz daran dachte, dass das schon ganz schön alt war, liefen ihr die Tränen übers Gesicht. Fritz war das letzte Stück Leben von Karl, das noch bei ihr war. Fritz durfte nicht sterben!

Kurioserweise unternahm sie aber alles, um den Hund in Kürze unter die Erde zu bringen – Todesursache: platzen. Fritz war schon lange kein Jagdhund mehr, sondern eher ein Wanst. Sie stopfte den Hund regelrecht voll – wie so viele Menschen es leider tun. Übergewicht ist in Tierarztpraxen ein schweres Problem, denn viele Menschen zeigen so ihre Liebe. Eine verhängnisvolle Liebe, die zu zahlreichen Folgeerkrankungen mit auch tödlichem Ausgang führt. Dabei wollen die Menschen ihre Tiere so lang wie möglich behalten und tun doch alles, um genau das Gegenteil zu erreichen.

Meine ehemalige Tierarzthelferin Frau Sommer war diesbezüglich eine Wucht und nahm mir sehr viel ab. Sie sprach die Patientenbesitzer direkt auf das Übergewicht ihrer Liebsten an.

»Ob se wolln oder ne, der Kleene is zu dick.«

Und schwupps wurden die Lieblinge gewogen, und dann zückte Frau Sommer ihre Tabelle.

»Sehn se mal hier. Vier Kilo soll der Yorkshire Terrier haben. Mit 7,5 hat er fast das Doppelte. Das wären bei einer normal großen Frau, wenn ich mal in Menschen umrechne, 150 Kilo.«

»Um Gottes willen!«

»Ja, um Gottes willen. Sach ich doch. Da müssen Se ran, da muss Speck runter.«

»Aber er frisst so gern.«

»Nu, er würd vielleicht auch gern laufen. Kann er aber nicht mehr mit der Wampe. Das ist doch ein Hund. Der will rennen, der will mit anderen spielen, der will sich bewegen. Aber der kommt ja kaum mehr die Treppe hoch, so muss er schnaufen.«

»Sie haben ja Recht.«

»Also wenn Sie Ihrem Hund wirklich was Gutes tun wollen, dann schenken Sie ihm ein schönes Hundeleben und setzen ihn auf Diät.«

Ein Tier in der Natur würde niemals so viel fressen, dass es sich kaum mehr bewegen kann. Doch im Zusammenleben mit Menschen gewöhnt es sich an seinen übervollen Napf, an die Teilhabe an den Menschenmahlzeiten, wo ständig etwas vom Tisch fällt, wenn das Haustier nicht gleich mit am Tisch sitzt, womöglich dreimal täglich. Dabei brauchen wir Menschen nicht dreimal am Tag Essen, und der Hund sowieso nicht. Wie bereits erwähnt, plädiere ich für einen Fastentag in der Woche. So kommt es dann auch nicht zu den manchmal wirklich sehr komischen Situationen wie seinerzeit in meiner Praxis, wenn Kunden Frau Sommer davon überzeugen wollten:

»Ihre Praxiswaage ist kaputt.«

Oder behaupteten: »Ich hab ihn erst letzte Woche gewogen, da waren es noch drei Kilo weniger.«

Oder um Milde baten: »Wahrscheinlich hab ich meine Brille beim Ablesen nicht aufgehabt und die Drei mit der Acht verwechselt.«

Oder Schuldige fanden: »Das kommt, weil meine Schwiegermutter ihn immer vollstopft.«

Manchmal kam es mir so vor, als hätten die Frauchen und Herrchen von extrem dicken Hunden tatsächlich einen kleinen Knick in der Optik. Denn wenn sie ihren Liebling mit anderen vergleichen würden, müssten sie doch sehen, dass er zu dick ist. Nein, sahen sie nicht, denn wenn die Hunde so dick waren, gingen sie ja auch kaum mehr Gassi, und bei ihren Haltern stellte sich eine Art Betriebsblindheit ein. Wie heißt es so schön: Liebe macht blind.

Und das sollte ich im Falle von Fritz nun korrigieren, wie mich mein langjähriger Kunde Herr Gasch, der Neffe von Frau Kranz, bat. Er hoffte, dass seine Tante auf mich in meiner Eigenschaft als Ärztin hören würde.

»Mir glaubt sie kein Wort. Aber vor Ärzten hat sie Respekt. Sie können sie gern ein bisschen einschüchtern, Frau Doktor Staffa, damit sie endlich kapiert, dass sie dem Fritz nichts Gutes tut, wenn sie ihn so vollstopft.«

»Einschüchtern ist nicht mein Stil. Liebe und Mitgefühl sind immer besser. Ich werde schon einen Weg finden.«

Nachdem Frau Kranz mir sehr lange von ihrem verstorbenen Mann Karl erzählt hatte, hatte ich meinen Weg zu ihrem Herzen gefunden. Nun, der hätte vielleicht keiner Tierärztin bedurft, doch es schadete sicher nicht, dass ich eine war. Auch eine Menschenpsychologin hätte hier helfen können.

Ein dicker Hund: Abnehmen leicht gemacht

1. Gabe von pflanzlichen Stoffen mit einem hohen Quellvermögen, also Ballaststoffe. Flohsamenschalen, Leinsamen und Guar. Sie werden wenig verstoffwechselt und fördern die gute Darmflora. Mit ausreichend Wasser vermischt wird das Volumen der aufgenommenen Nahrung deutlich vergrößert und ein Dehnungsreiz auf den Darm ausgelöst. Das regt die Verdauung an. Guar kann man mit 0,5 bis 2 g/kg Körpergewicht pro Tag bei Hund und Katze einsetzen. Flohsamenschalen sind bereits oft Bestandteil von Mischungen (Ergänzungsfuttermittel) zur Gewichtsreduktion.

2. Rechnen! Oft vergessen Tierhalter, die Extras von der Tagesration abzuziehen. Doch jedes Leckerli zwischen-

durch, und die sollten ohnehin eingeschränkt werden, muss mitgezählt werden. Am besten: Leckerlis weglassen oder umstellen: Auch eine Möhre freut den Hund. Und Knuddeln, Streicheln, Loben.

3. Ausreichend Bewegung!

4. Spielerisch füttern: Das Tier für sein Futter arbeiten lassen. Zum Beispiel kleine Trockenfleischfutterwürfel in der Wohnung oder im Garten verstecken oder in speziellen Futtergefäßen, beispielsweise Bällen, damit der Hund ein paar Kalorien verbrennt, während er auf der Suche nach den Leckereien ist.

5. Umstellung der Ernährung auf Rohfutter – Barfen: biologisch artgerechtes Rohfutter. So erhält der Hund alles, was er braucht, auch Gemüse wie Möhren, Äpfel, Spinat.

6. Rationen einsparen. Von dreimal auf zweimal, von zweimal auf einmal täglich. Bei Bedarf auch die Menge kürzen. Keine Sorge, so wie wir Menschen uns an kleinere Portionen gewöhnen können, tun es auch unsere Haustiere.

7. Hin und wieder, idealerweise einmal in der Woche, einen Fastentag einlegen oder eine Mahlzeit ausfallen lassen. Das ist keine Tierquälerei, sondern dient der Gesundheit, übrigens auch bei uns Menschen. Ein Jäger und Sammler aus der Steinzeit verfasste keine Einkaufsliste für den Supermarkt. Die Ernährung hing vom Wetter, sprich von der Ernte ab. Und vom Jagderfolg wie bei den Tieren. Alle miteinander profitieren wir von

den positiven Auswirkungen des Fastens, das biochemische Reaktionen auslöst, die spezielle Reinigungsmechanismen anregen, eine Müllabfuhr und ein Recyclingsystem für die Zellen und als Schutz vor zahlreichen Krankheiten.

Der Champion

Kaum war Marcus in meiner Praxis, zeigte er mir auf seinem Handy Pokale und Medaillen, die sein Border Collie Arco beim Agility gewonnen hatte. Der vierjährige Rüde war der ganze Stolz des Sachbearbeiters. In jeder freien Minute trainierte er mit Arco auf dem Parcours. Beim Agility überwinden die Hunde auf Zeit allein durch gestische, stimmliche und mimische Hinweise ihrer Menschen eine Reihe von auch anspruchsvollen Hindernissen wie Steilwände, Hängebrücken, Tunnels und so weiter. Marcus hatte schon einige Hunde gehabt, wie er mir erzählte, aber: »Keinen wie den Arco. Das ist ein Traumhund. Der geborene Champion. Was glauben Sie, wie viel Geld mir für den schon geboten wurde?«

Ich glaubte erst mal gar nichts, sondern sah einen lahmenden Border Collie, dem das Gehen sichtlich Schmerzen bereitete. Arco lief steif, legte sich häufig hin und benötigte beim Aufstehen etwas mehr Zeit. Er hechelte auch auffällig, das konnte ein Zeichen für Schmerzen sein. Von Marcus erfuhr ich, dass er, sonst ein gewissenhafter Napfreiniger, nun häufig Reste übrig ließ.

Es ist nicht einfach zu erkennen, ob ein Hund Schmerzen hat. Als Rudeltier unterdrückt er sie, damit er nicht ausgestoßen wird. Denn auf Schwache, Alte, Kranke wird in der Regel keine Rücksicht genommen. Und sie wird auch nicht erwartet. Wenn es nicht mehr geht, bleibt ein Tier zurück, wenn das Rudel weiterzieht, und zum Schluss sucht es sich einen Platz zum Sterben.

»Ich weiß nicht, was der hat«, sagte Marcus. »Seit dem Wochenende jammert er dauernd rum. Am schlimmsten war es gestern. Da hatten wir unser großes Turnier. Drei Monate haben wir daraufhin gearbeitet. Letztes Jahr hat er den Pokal geholt. Diesmal bleibt er mitten auf der Strecke stehen. Als Titelverteidiger! Ich dachte, ich falle tot um. Verweigert, dann läuft er raus, legt sich einfach hin! Das hat er noch nie gemacht! Das ist völlig daneben! So benimmt man sich nicht auf dem Parcours! Das ist ein No-Go! Da gibt man sich ja dem Gespött preis, nein, das ist unter aller Kanone. Erst dachte ich, er ist vielleicht umgeknickt. Der Kerl hat ja ein Wahnsinnstempo drauf. An den kommt keiner ran, den müssen Sie mal sehen.« Und schon wieder zückte Marcus das Handy.

»Ich schau mir erst mal den Arco an, okay?«

»Na gut«, meinte Marcus, aber er hätte mir schon gern die tollen Filme von seinem Champ gezeigt. Arcos Siege strahlten auf ihn ab. Das ist an und für sich nichts Ungewöhnliches. Man ist stolz auf die Leistung seiner Lieben. Meistens kennt man das von Eltern, die Erfolge ihrer Sprösslinge loben. Aber natürlich läuft es auch im Hundesportverein so. Oder bei den Kaninchenzüchtern. Und ist es nicht auch ein bisschen anrührend … so lange die Grenzen gewahrt bleiben, die hier wohl überschritten wurden, wie ich an Arcos Pfoten sehen konnte. An den Ballen lösten sich die Samtbeläge ab, ein entzündlicher und sehr schmerzhafter Vorgang. Ich tippte auf Lupus Erythematodes, und das Ergebnis der Blutuntersuchung gab mir am nächsten Tag recht. Bei dieser Autoimmunerkrankung bildet der Körper Antikörper gegen die eigenen Zellen. Zur Linderung der akuten Beschwerden hilft hier Cortison. Ich halte es in vielen Fällen für sinnvoll, Cortison wie auch Antibiotikasalben lokal statt systemisch einzusetzen. So hält man die Belastung geringer, und die Wirkstoffe gelangen trotzdem an ihr Ziel. Gerade bei Arco konnte es sonst in den offenen Wunden der Ballen zu nachfolgenden Infektionen kommen, da ja keine intakte physiologische Struktur mehr vorhanden war und die Unterhaut frei lag.

Jede Autoimmunerkrankung oder auch Allergie sehe ich als Kampf gegen sich selbst.

Der tapfere Arco hatte alles gegeben, um sein Herrchen nicht zu enttäuschen. Gewiss hatte er auf dem Parcours große Schmerzen gehabt und erst aufgegeben, als gar nichts mehr ging. Jetzt taten ihm seine Ballen bei jedem Auftreten weh, deshalb lief er auch nicht mehr locker, sondern tippelte eher, weil er sie nach dem Bodenkontakt gleich wieder hochzog.

Für Marcus war die Erkrankung Arcos ein Schock. Sein Champion war erst mal aus dem Rennen, vielleicht sogar für immer. Würde er ihn aus seinem Rudel ausstoßen? Denn nun fiel Marcus auf sich selbst zurück; er war nur noch Marcus, der bei einer Versicherung arbeitete und allein in seiner Zweizimmerwohnung lebte, nicht mehr der tolle Besitzer von Arco, dem Superhund. Aber hatte Marcus seinen Arco jemals als individuelles Geschöpf gesehen, oder speiste sich seine Beziehung zu dem Hund allein durch dessen Leistung? Auch wenn Marcus' Leben sich um Arco drehte, so stand es bislang unter der Überschrift seiner Erfolge. Wie würde er reagieren, wenn der Hund keine Wettkämpfe mehr gewann? In meiner Weltsicht war das eine großartige Chance für Marcus, Kontakt zu seinen eigenen Gefühlen aufzunehmen und sich auf eine neue Art kennenzulernen. Der Hund führte ihn sozusagen zu sich selbst. Wenn er da hin wollte.

Zuerst einmal wollte er das aber gar nicht. »Also da fahre ich einhundertzwanzig Kilometer zu Ihnen, weil ich gehört habe, dass Sie wahre Wunder bewirken. Und dann können Sie mir den Arco auch nicht fit machen«, beschwerte er sich.

»Zeigen Sie mir doch mal, wie er auf dem Parcours arbeitet«, sagte ich, um Zugang zu ihm zu finden. Das ließ er sich nicht zweimal sagen.

Zehn Minuten schauten wir Heldenfilme an. Arco sprang durch Reifen, Arco kletterte die Steilwand hoch, Arco balancierte über einen Schwebebalken – und das alles in einem Affenzahn.

Marcus hatte feuchte Augen.

»Das ist mein Arco, Frau Doktor. Der Hammer, oder?«

»Ja«, sagte ich. »Arco ist ein ganz toller Hund. Auch wenn er jetzt nur so neben Ihnen liegt und einfach da ist. Arco ist ein ganz toller Hund.«

Marcus atmete schwer. Es hörte sich so an, als wäre seine Herzkammer soeben einen Spalt weit aufgegangen. Beim Abschied hatte ich ein gutes Gefühl für die beiden.

Ich brauch dich!

Fast ertappte ich mich dabei, nach einem unsichtbaren Gummiband zu suchen. Denn seit Herr Franzen in meiner Praxis war, hatte er noch kein einziges Mal den Körperkontakt zu seinem Hund verloren. Pawlow, ein kleiner, dreifarbiger kastrierter Rüde vom Tierschutz, war hingegen nicht so begeistert von dieser Nähe. Besonders wenn Herr Franzen ihn am Kopf berührte, versuchte er, der kosenden Hand zu entkommen. Deshalb vermutete Herr Franzen auch, dass Pawlow Zahnschmerzen habe. »Als Wissenschaftler kenne ich mich da aus«, sagte er. Nun, das erklärte auch, weshalb er seinen Hund so genannt hatte. Allerdings war Herr Franzen schon seit sieben Jahren in Pension, wie ich erfuhr, und fast genauso lang war Pawlow bei ihm. »Meine Tochter hat ihn mir gebracht. Damit ich Gesellschaft habe.« Er zögerte. »Ich fand ihn ja erst ein bisschen zu klein. So ein Schoßhund ist eher was für eine ältere Dame. Ich bin ja noch ganz rüstig. Außerdem wollte ich keinen Hund. Aber mittlerweile bin ich ganz zufrieden. Ich kann ihn auch im Flugzeug mitnehmen und muss nichts extra bezahlen. Ich pack ihn einfach ins Handgepäck. Also wegen mir müsste das nicht sein. Ich flieg ja gar nicht gern. Aber meine Tochter lebt in Griechenland. Die macht in Öl. Also Olivenöl. Ist viel Arbeit. Und da muss ich ihr öfter helfen. Die Arbeit, die geht da nie aus. Jetzt müssen wir dann wieder runter, und da soll der Pawlow natürlich keine Zahnschmerzen haben. Ich weiß ja gar nicht, ob die da Tierärzte haben. Meine Tochter kümmert sich nicht um so was.«

»Ich glaub schon«, schmunzelte ich und untersuchte dann Pawlows Gebiss. Viele Zähne fehlten bereits und die vorhandenen waren stark mit Zahnstein behaftet. Eine Zahnsanierung war dringend nötig.

»Ja, so was habe ich mir schon gedacht«, nickte Herr Franzen bekümmert. »Ich wollte ja schon länger mal zum Tierarzt. Aber meine Tochter hat gemeint, das kann warten.«

Manche Menschen zögern den Tierarztbesuch sehr lange hinaus. Manchmal zu lange. Andere kommen bei jedem Pups. Das ist individuell sehr verschieden. Entscheidend ist, wann sich jemand nicht mehr wohl fühlt in einer Situation und Hilfe sucht. In einer Krise kann auch ein Mensch, der im Großen und Ganzen fest im Leben steht, stark verunsichert sein – was sich natürlich auf den Umgang mit dem Haustier überträgt. Hinzu kommt die Fähigkeit des Menschen, sein Tier »zu lesen«. Wie tief ist der Kontakt, was kann der Mensch von seinem Tier empfangen? Auch das ist sehr verschieden. Manche Menschen haben extrem feine Antennen für ihre Tiere, anderen entgehen auch deutliche Signale. Davon abgesehen gibt es aber auch ein paar Anhaltspunkte. Bei Durchfall zum Beispiel kommt es nicht nur darauf an, wie oft er stattfindet, sondern auch auf seine Konsistenz. Bei viermal ein wenig breiiger Kot ist noch alles im Lot, während ein Tier mit blutigem oder auch wässrigem Durchfall in der Regel einer Tierärztin vorgestellt werden sollte. Bei herkömmlichem Durchfall hilft beim Tier dasselbe wie beim Menschen: dem Verdauungssystem Ruhe gönnen. Idealerweise durch Fasten.

Überhaupt ist Ruhe oft das Mittel der Wahl, auch bei akuten Problemen mit dem Bewegungsapparat, zum Beispiel Lahmheit. Erst mal pausieren, dann weitersehen. Manche Tierbesitzer vereinbaren sofort einen Termin, wenn der Hund nur ein bisschen humpelt.

Andere denken sich, dass sie als Menschen sich auch mal vertreten können und warten ab. Einigen Hundehaltern fällt es schwer, dem Tier Ruhe zu gönnen. Sie glauben, es müsse jeden Tag viel bewegt werden. So kann natürlich nichts heilen. Am wichtigsten ist das eigene Gespür für den Gefährten. Wenn mich jemand anruft, weil er unsicher ist, ob er wirklich zum Tierarzt muss, erkundige ich mich auch immer nach dem Allgemeinbefinden. Macht der Hund einen guten Eindruck, hat er Appetit und zeigt keine Verhaltensauffälligkeiten, ist die Lage meist nicht bedrohlich. Aber häufig sagen die besorgten Kunden dann: »Ich komm doch lieber mal schnell vorbei«, oder bitten mich zu einem Hausbesuch.

Herr Franzen hatte die Konsultation beim Tierarzt lang hinausgezögert, wie mir schien mit schlechtem Gewissen. Er wollte von mir wissen: »Hat Pawlow starke Zahnschmerzen?«

»Wahrscheinlich«, sagte ich.

»Oh du armer kleiner Pawlow, das tut mir jetzt aber sehr leid«, sagte Herr Franzen bedrückt und tätschelte den Hund wieder am Kopf, was dem Kleinen überhaupt nicht gefiel. Ich nahm Herrn Franzen als lieb und gutmütig wahr, doch offensichtlich hatte er Schwierigkeiten, die Signale seines Hundes zu deuten. Und auch, sich gegenüber seiner Tochter durchzusetzen. Denn hätte er nicht auf sie gehört, wäre er längst beim Tierarzt gewesen. Er bereute sein Versäumnis sehr und entschuldigte sich mehrmals bei Pawlow, was dem egal war, so lange sein Herrchen seinen schmerzenden Kopf in Ruhe ließ.

Hunde kleiner Rassen bis zehn Kilogramm Körpergewicht zeigen eine große Neigung zu Zahnproblemen. Denn die Zähne konnten nicht geschrumpft werden wie der Körper, und so sind sie für die kleinen Kiefer oft zu groß, überlagern sich teilweise, der Biss stimmt nicht mehr. Das ist für den Hund oft schmerzhaft und kann viele Probleme nach sich ziehen. In solchen Fällen ist eine grundlegende Zahnsanierung unumgänglich: Zähne, die locker sind, sollten gezogen werden, der Zahnstein entfernt und die Fütterung auf

Rohfutter umgestellt werden. Natürliche Kauartikel wie getrocknetes Fleisch in größeren Stücken, sodass der Hund eine Weile zu beißen hat, unterstützen die Zahngesundheit. Auch Zähneputzen empfiehlt sich, am besten von klein auf und ausschließlich mit natürlicher Zahnpasta. Die Gabe der Alge Ascophyllum nodosum – sie wird in die Nahrung gemischt – zeigt ebenfalls gute Wirkung. Ascophyllum nodosum enthält Spurenelemente und Mineralstoffe, die die körpereigene Zusammensetzung des Speichels ausgleichen und dabei helfen, die Zahnbeläge zu erweichen. So lösen sie sich beim Kauen leichter ab.

Herr Franzen stellte mir viele Fragen, und im Rahmen einer Futterberatung konnte ich die eine oder andere Botschaft einfließen lassen. Ob Herr Franzen sie beherzigte … das weiß ich nicht.

Heute kann ich mich ganz gut von meinen Patientengeschichten distanzieren. Das war nicht immer so. Oft habe ich tagelang darüber nachgedacht, wie ich meine Vermutung zur Sprache bringen könnte, um Tier und Mensch zu helfen. Mittlerweile sehe ich mich eher als Impulsgeberin. Letztlich trägt jeder Mensch die Verantwortung für sein Leben. Etwas nicht zu wissen, ist das eine, etwas zu wissen und lieber so zu tun, als wüsste man von nichts, ist das andere. Jeder muss für sich selbst herausfinden, wie er leben möchte. Auch wenn ich davon überzeugt bin, dass das bewusste Leben, das stete Erforschen der Beweggründe, die Basis für Gesundheit und Wohlbefinden ist, so kann ich dies nur für mich selbst entscheiden. Und die Tiere? Wie entscheiden sie? Womöglich meistens zum Wohle der Menschen, und dafür halten sie sogar ihren eigenen Pelz hin. Oder opfern ihr Gebiss.

Zähne haben immer eine aggressive Komponente. Wir sagen, dass wir die Zähne zusammenbeißen oder Zähne zeigen. Auch bei Tieren kann man diese Fährte verfolgen. Ich erinnere mich an eine sehr liebe Patientin, die als Ingenieurin arbeitete und in ihrer Freizeit eine begeisterte Bastlerin war. Papierkram hasste sie. Doch als alle aus ihrer Abteilung sie baten, konnte sie nicht nein sagen und ließ sich in den Betriebsrat wählen. Todunglücklich war sie in dieser Position, doch sie schaffte es nicht auszusteigen. »Ich mag meine Kollegen doch«, sagte sie. »Ich setz mich gern für sie ein. Aber das ganze Papier und was man da immer lesen muss und die Fortbildungen, wo man über Nacht wegbleibt, das macht mich ganz krank.« Nun, sie nicht, sondern ihre Katze, wegen deren akuter Zahnfleischentzündung sie immer wieder zu mir kam. Zahnfleischentzündungen, Gingivitis, sind bei Katzen sehr häufig. Oft werden sie bereits in der Kinderstube angelegt, da eine Ursache, die Calici-Viren, von der Mutter auf die Kinder übertragen werden, vor allem, wenn sehr viele Katzen in einem Raum gehalten werden. Katzen sind Einzelgänger und es stresst sie, im Rudel zu leben. Und Stress ist immer eine Herausforderung für das Immunsystem.

Bei der Zahnfleischentzündung ist nicht das gesamte Zahnfleisch betroffen, sondern der Übergang vom Zahnfleisch zum Zahn: feuerrot, geschwollen, schmerzhaft. Ich habe das bei meinen Patienten mehrmals mit Übergängen in Verbindung bringen können, und davon gibt es im Leben ja viele.

Antibiotikabehandlungen und Cortisongaben unterdrücken Zahnfleischentzündungen und können Erleichterung verschaffen wie auch Zahnsanierungen in kürzeren Abständen und regelmäßiges Zähneputzen sowie eine natürliche Ernährung. Das beste Zahnputzmittel ist ein Stück Fleisch. Ob vom Huhn, Rind oder der Maus ist egal. Es sollte aber so groß sein, dass die Katze es wirklich richtig durchkauen muss und sie es nicht in einem Rutsch hinunterschlucken kann. Knorpelige Stücke wie Hühner- oder Putenhälse sind ideal.

Häufig schaffen es Menschen, eher nein zu sagen, wenn sie das mit einem Ja zu ihrem Haustier verbinden. So war es auch in diesem Fall. Meine Kundin konnte für ihre Katze nein zum Betriebsrat sagen. Sie wollte nämlich nicht mehr auf die Fortbildungen und flunkerte ein wenig, dass sie keine Betreuung für ihre Katze hätte. »Eines Tages traue ich mich sicher, die Wahrheit zu sagen«, meinte sie. Sie war auf einem guten Weg – und die Katze lebte über lange Zeiträume symptomfrei.

Auch ich selbst habe erst im reifen Erwachsenenalter gelernt, nein zu sagen. Wir werden in der Regel dazu erzogen, ja zu sagen. Wir wollen von anderen gemocht werden, deshalb erfüllen wir ihre Erwartungen, ihre Bitten. Doch damit sagen wir oft nein zu uns selbst. Ich glaube, wenn alle Menschen ja zu sich sagen könnten, sähe die Welt anders aus.

Mit dem Thema Grenzen bin ich in meiner Praxis sehr oft konfrontiert. Viele Menschen haben Probleme, sich abzugrenzen, meistens die hilfsbereiten. Aber auch Tiere können sich gegen ihre Besitzer manchmal nicht richtig abgrenzen. Andere tun es, indem sie Verhaltensauffälligkeiten entwickeln oder krank werden. Aber Tiere zeigen auch sehr deutlich Grenzen. Zum Beispiel, wenn sie nicht untersucht werden wollen und ihre Tierärztin beißen. Ja, das kommt vor, und ich habe diesbezüglich einige schmerzhafte Erfahrungen machen dürfen.

Hier wache ich!

An zwei schmerzhafte Begegnungen mit Hundezähnen erinnere ich mich. Beide passierten bei Hausbesuchen, wenn ich also in das Revier der Hunde eindrang. Und jedes Mal hatte der Hund einen starken Beschützerinstinkt: mein Haus, mein Garten, meine Familie. Ich kam als Eindringling und wurde in meine Grenzen verwiesen. Beim ersten Mal als junge Tierärztin wollte ich die Heldin spielen, obwohl ich gewarnt worden war. Denn der Spitz zeigte sich auch gegenüber seiner eigenen Familie nicht zimperlich, schnappte schon mal nach Herrchen und Frauchen. Und er merkte sofort, dass wir ihm an den Pelz wollten. Zum Schluss rannten wir dem Impfgegner zu dritt nach, eingemummt mit Decken und Handschuhen.

Ich muss heute noch lachen, wenn mir das einfällt, wobei es für mich schmerzhaft endete, obwohl der Hund bereits eine Beruhigungstablette intus hatte. Die kickte ihn aber erst recht, so was kommt vor. Letztlich erwischte er mich am Knöchel, es floss auch Blut, aber ich überlebte es ohne weitere Komplikationen. Ich erinnere mich noch, wie ich die Hundehalter tröstete, die völlig fassungslos waren, was ihr Liebling da angerichtet hatte, die Frau Doktor zu beißen. Heute denke ich, dass ich mich dem Spitz ganz anders hätte nähern sollen, aber aus Fehlern lernt man ja.

Beim zweiten Fall waren die Zähne deutlich größer. Der belgische Schäferhund sollte gegen Tollwut geimpft werden. Er galt im ganzen Viertel als aggressiv, warf sich beim Spazierengehen in die Leine, bellte, knurrte, und an »seinem« Gartenzaun entlangzulaufen, erforderte Mut, so wütend gebärdete er sich. Ich kannte aber auch seine andere Seite als treuer Gefährte eines behinderten Jungen. Die beiden waren ein Herz und eine Seele.

Der Schäferhund hatte schon einmal einen Kollegen gebissen, jetzt sollte ich mein Glück versuchen. Ich fühlte mich sicher, da die Besitzer ihm einen Maulkorb angelegt hatten. Ganz schnell wollte ich dem Rüden die Spritze verpassen. Doch er war schneller, schaffte es irgendwie, den Maulkorb abzustreifen, und verbiss sich in meinem Oberschenkel. Von wegen, man spürt erst mal nichts! Ich war froh, dass die Besitzer ihn wegzogen, wer weiß, wie mein Bein sonst heute aussehen würde.

Dagegen sind meine Verletzungen durch Katzen harmlos, ihre Kratzer sind schnell verheilt. Aber das alles gehört zum Berufsrisiko, und im Studium lernt man auch, sich zu schützen. Meistens geht es ja gut aus. Dazu können die Tierbesitzer auch etwas beitragen, indem sie ihre Tiere von klein auf an den Tierarzt gewöhnen. Mal zu einem harmlosen Besuch vorbeischauen, ein paar Leckerlis kassieren. Sich knuddeln lassen. Na, ist doch gar nicht so schlimm. Auch Senioren können das lernen. Und zu Hause wird geübt, in die

Ohren schauen lassen, ein Fieberthermometer in den Anus einführen, Pfoten geben und Krallen begutachten lassen, und jetzt noch die Zunge rausstrecken … und A sagen!

Die geheime Sprache der Tiere

Ich halte öfter Vorträge, und fast jedes Mal kommt danach jemand zu mir und erzählt mir seine Geschichte. In den meisten Fällen ist den Zuhörern beim Vortrag im wahrsten Sinn des Wortes ein Licht aufgegangen und sie möchten mir unbedingt erzählen, dass sie jetzt wissen, weshalb ihr tierischer Gefährte diese oder jene Erkrankung hatte. Hin und wieder begegnen mir aber auch Menschen, die den Hinweisen ihrer Tiere intuitiv gefolgt sind. So die Sängerin, deren Katze eine »komische Stelle« am Ohr hatte. »Es war schwarzer Hautkrebs, und nach der Diagnose bei der Tierärztin hatte ich ein ganz komisches Gefühl. Es war gerade so, als wollte mir Sammy damit etwas sagen, mich auf etwas aufmerksam machen. Ich habe also für mich selbst einen Termin zum Hautscreening bei einer Hautärztin ausgemacht und siehe da: Ich hatte ebenfalls schwarzen Hautkrebs an zwei Stellen. Es ist alles gut gegangen, er wurde entfernt – aber man sagte mir sehr deutlich, dass ich diesen günstigen Verlauf der frühzeitigen Entdeckung verdanke. Und die geht auf das Konto von Sammy.«

Almut, eine achtunddreißigjährige Psychologin, wusste seit früher Kindheit, dass sie einen Herzfehler hat. Irgendwann einmal würde sie eine neue Herzklappe brauchen. Als bei einer Routineuntersuchung ihrer Hündin derselbe Herzfehler festgestellt wurde, staunte sie nicht schlecht. »Betsy ist mein vierter Hund. Wer weiß, vielleicht haben alle ihre Vorgängerinnen aus Solidarität mit mir so etwas ausgebrütet?«

Hinter unserer lauten, grellen Welt existiert auch eine leise, in der mit feinen Zeichen kommuniziert wird. Je bewusster und achtsamer wir leben, desto mehr können wir von diesen Zeichen verstehen, die wichtige Hinweise für unser eigenes Wohlbefinden und Glück enthalten können. Um das zu sehen, zu hören, zu erfahren, zu erspüren, muss man einen Gang runterschalten, die Ohren spitzen, die Augen aufmachen … alle Sinne auf Empfang stellen und das Herz öffnen. Also genau das tun, was geschieht, wenn wir Zeit mit einem lieben Tier verbringen. Wir sind dann ganz da, ganz im Jetzt. Allein schaffen wir es vielleicht noch nicht, doch das Tier zeigt uns, wie es geht. Und so wie es sich uns anvertraut, können wir uns ihm anvertrauen.

»An so was glaub ich nicht!« Das höre ich auch manchmal. Es liegt mir fern, jemanden zu missionieren, doch gelegentlich erlebe ich kuriose Geschichten. Ich wurde zu einem fünfjährigen Mischlingshund gerufen, der seit zwei Jahren an immer wiederkehrendem Juckreiz litt. »Wir haben schon alles probiert«, erzählte mir Frau Wittmann. »Aber jetzt sind wir mit unserem Latein am Ende.«

Bellos Achseln waren rot und verkrustet.

»Er kratzt sich ständig«, berichtete Frau Wittmann. »Seit einer Woche geht das jetzt so. Die Stelle ist neu. Vorher hatte er es eher an den Beinen.«

Beim Erfragen der genaueren Umstände erfuhr ich, dass die Wittmanns bis vor zwei Jahren auch eine Katze gehalten hatten – mit demselben Symptom. »Die hat sich auch gekratzt auf Teufel komm raus. Aber alle Tierärzte haben gesagt, dass das nichts miteinander zu tun hat. Der Bello kann sich nicht angesteckt haben. Da gäbe es nämlich nichts zum Anstecken. Das war auch so eine mysteriöse Sache. Wahrscheinlich ist das Zufall, dass wir zweimal so ein Tier erwischen. Pech gehabt, könnte man sagen.«

Nein, Zufall war es für mich ganz gewiss nicht.

Als ich nach der Untersuchung von Bello im Badezimmer meine Hände wusch, entdeckte ich drei Präparate gegen Juckreiz. Auf Nachfrage erfuhr ich: »Die gehören meinem Mann.«

Als ich sanft andeutete, dass es da einen Zusammenhang geben könnte, wurde Frau Wittmann hellhörig. Für Herrn Wittmann jedoch, der eben von der Arbeit nach Hause kam, war das alles Zufall. Die aufgeregte Art, wie er diesen Zufall geradezu verteidigte, zeigte mir einen nicht zur Einfühlsamkeit neigenden Menschen. So jemand behandelt auch sich selbst in der Regel nicht besonders mitfühlend. Wenn man aber morgens und abends Salbe auftragen muss, ist man wenigstens ein bisschen lieb zu sich, auch wenn man im Grunde genommen nur eins möchte: raus aus seiner Haut. Herr Wittmann war nicht mein Patient. Aber Bello konnte ich helfen mit Propolissalbe, die nun auf seine Hautstellen aufgetragen wurde, und Bio-Leinöl und Bio-Wildlachsöl als Futterzusatz, das einen hohen Anteil an Omega-3-Fettsäuren enthält, die entzündungshemmend wirken. Propolis hat schon vielen meiner Patienten geholfen. Die harzartige Masse wird von Bienen hergestellt und wirkt antibiotisch, antiviral und antimykotisch. Es kann oral eingenommen werden, stärkt das Immunsystem und beugt Wurmbefall vor.

Bello freute sich zudem über eine Nahrungsumstellung auf Frischfleisch, und dass er nicht mehr so oft mit Shampoo gewaschen wurde. Chemische Präparate greifen den Hautschutzmantel an, und durch die häufige Feuchtigkeit konnten sich Bakterien und Hefen obendrein nach Lust und Laune auf Bellos Haut vermehren. Aus diesem Grund ist es auch nach einem Spaziergang im Regen und Matsch besser, den Hund abzurubbeln, anstatt ihn zu baden. Und was die meisten Vierbeiner betrifft, ist es auch ganz in ihrem Sinne, sie sind nämlich keine solchen Badewannenfans wie viele Zweibeiner.

Abschied

Ich klingle an der Haustür. Tränenüberströmt öffnet mir Frau Maier. Sie ist so erschüttert, dass sie kaum sprechen kann. In wenigen Minuten wird ihr über alles geliebter Dackel Leonardo seinen letzten Atemzug tun. Dutzende von Malen hat sie mich gefragt: »Er spürt doch nichts, es ist doch richtig, oder? Es ist eine Erlösung für ihn, oder? Das würde er doch selbst wollen, oder?« Meistens erwarten die verzweifelten Menschen gar keine Antwort. Sie wollen einfach nur loswerden, was ihr Herz bewegt.

Und mein Herz?

Manchmal bin ich gefragt worden, ob das schreckliche Termine seien. Früher habe ich die Frage nicht verstanden. Einschläfern gehört zum Leistungskatalog einer Tierärztin wie Zahnpflege, Krallenschneiden, Kastrieren. Außerdem habe ich früher ja geglaubt, das Richtige zu tun, sonst hätte ich diese letzte Spritze nicht geben können. Die Diagnose stand fest, und ich erlöste ein Tier von seinem Leid. Die Entscheidung war nach häufig langem mit sich Ringen der Tierhalter eine Weile vor dem Termin gefallen. Es kommt sehr selten vor, dass spontan beschlossen wird, ein Tier einzuschläfern – wenn man bei einer Operation erkennt, dass eine Krebserkrankung beispielsweise weit fortgeschritten ist, das Tier starke Schmerzen hat, schlecht Luft bekommt …

Aber das Tier spürt die Haltung seines Menschen, und die ist fundamental unterschiedlich zwischen: Wann mach ich den Termin und: Ich gewähre dir deinen eigenen Termin, ich bin bei dir bis zu deinem letzten Atemzug, den du bestimmst. Wir gehen auch deine letzten Schritte gemeinsam: in deinem Tempo.

Natürlich versuchte ich immer, es für die Menschen und Tiere so erträglich wie möglich zu machen. Erlösen, das klingt eigentlich nicht schlimm. Eher nach einem tiefen langen Ausatmen und Frieden. Aber das ist beschönigend. Denn eigentlich tötete ich – auf Verlangen des Tierfreundes. Der glaubte, das sei richtig, so wie ich es auch viele Jahre lang glaubte.

Gewiss waren diese Termine trotzdem besonders. Ich nahm mir Zeit dafür, achtete auf die psychische Verfassung der Trauernden, führte davor und danach ein Gespräch mit ihnen, nahm sie auch einmal in den Arm. Und ich versuchte, alles so würdevoll wie möglich zu gestalten. Keiner sollte schlimme Bilder mit nach Hause nehmen. Behutsam bettete ich meinen Patienten, damit ich einen venösen Zugang an der rechten Vorderpfote legen konnte für das Narkosemittel. Nach der Gabe schlief er sehr schnell ein. Bis zu diesem Zeitpunkt verlief alles wie vor einer Operation. Doch sie folgte nicht, sondern das Narkosemittel in Überdosierung. Im Schlaf erlahmt die Atmung, das Herz steht still.

Lebendig war das Tier zu mir in die Praxis gekommen, oder ich war zu einem Tier nach Hause gefahren. Ich baute eine Brücke, über die das Tier ging, dann war es tot.

»Danke, Frau Doktor«, sagten viele und fragten noch einmal: »Es war doch richtig?«

Und ich sagte ja. Ja, es war richtig. Tiere dürfen menschlich sterben, Menschen müssen tierisch leiden.

Ich habe immer mit viel Liebe ein Tier in den Tod begleitet. Es waren besondere Momente für mich. Ich dachte, ich mache es gut. Doch eines Tages erkannte ich, dass die Liebe andere Wege der

Begleitung kennt, ohne dass das Tier deswegen leidet. Das überraschte mich selbst, doch es war der letzte und ein sehr wichtiger Schritt auf meinem Weg in die Freiheit, und dafür bin ich dankbar.

»Und wenn es dann einmal so weit ist«, fragte die Mittdreißigerin, während ich bei ihrem betagten Beagle eine Augenentzündung behandelte, »schläfern Sie den Fridolin dann ein?«

»Selbstverständlich«, sagte ich, denn das gehörte wie gesagt zu meinem Beruf. Als Tierärztin bin ich mit Leben und Sterben vertraut. Ich helfe Welpen auf die Welt und … verabschiede sie …

»Aber da ist ja noch Zeit, gell«, hoffte Fridolins Frauchen. Wie die meisten Menschen hatte sie entsetzliche Angst vor dem Augenblick des Abschieds. Sie schob ihn weit, weit weg. Doch so weit war er nicht mehr entfernt, Fridolin war dreizehn.

Plötzlich hörte ich mich etwas sagen, was mich vollständig verblüffte, aber letztlich die logische Konsequenz meiner intensiven Auseinandersetzung mit dem Tod auf Bestellung war: »Ich bin gern für Sie da, wenn sich Fridolin verabschiedet in der Sterbephase.«

»Also wenn Sie ihn einschläfern?«, vergewisserte sich Fridolins Besitzerin.

»Nein, das werde ich nicht tun«, sagte ich. Und es war, als hätte ich zum ersten Mal ganz ja zu einem Tier gesagt.

Einschläfern oder Einschlafen?

Muss eine tödliche Diagnose zwingend zur letzten Spritze führen? Wie sterben Tiere in der freien Natur? Ist dieser Tod »unmenschlich«, brutal? Wie sterben manche Menschen in unserer zivilisierten Gesellschaft? Gilt für Tiere mehr Milde? Und wenn wir von Erlösen sprechen: Wen erlösen wir da eigentlich, das Tier oder den Menschen von dem Anblick des … leidenden Tieres. Was wollen wir da sehen, weil es scheinbar so sein muss. Sterben ist nicht zwingend an Leiden gebunden. Ja, mit hoher Wahrscheinlichkeit gibt es schönere

Momente im Leben als den Tod … oder? Wir haben keine Erfahrungen in diesem Bereich. Wir wissen es schlichtweg nicht – und so nehmen wir unsere Vorstellungen für bare Münze. Und wenn alles ganz anders wäre …?

Solche Gedanken beschäftigten mich immer öfter nach meiner Wende zur Naturheilkunde. Doch wenn ich mit Kollegen und Kolleginnen darüber sprach, merkte ich, dass ich ein Tabu berührte. Obwohl ich keinen Tierarzt kenne, der gern einschläfert, dachte niemand intensiver über Alternativen nach, warum auch. Es war doch gut für das Tier, man erlöste es. Und natürlich schläferte keiner ein Tier leichtfertig ein. Alle waren froh, wenn diese Termine vorüber waren. Doch im Vergleich zu den Emotionen der Patientenbesitzer sind sie nicht so schlimm. Wir haben nicht jahrelang mit diesem Tier gelebt. Als Tierärztinnen haben wir vernünftige Gründe, die uns Gewissheit geben, das Richtige zu tun. Außerdem wartet vielleicht der nächste Fall, die Tierarzthelferin hat die Karteikarte bereits herausgelegt. Oder wir schläfern außerhalb der Sprechzeiten ein und müssen bald weiter zum nächsten Patienten. Und über allem schwebt die Überzeugung, ohne die es nicht gehen würde. Dass wir Gutes tun. Dass wir helfen.

Aber wem helfen wir? Dem Tier? Dem Menschen? Uns selbst?

Eines Tages begann ich zu hinterfragen, ob ich mit dem Einschläfern eines Tieres wirklich etwas Gutes bewirkte.

Es war nicht so einfach, mit anderen darüber zu sprechen. Denn alles, was mit dem Tod zusammenhängt, wird gern weit, weit weggeschoben. Dabei gehört er doch zum Leben. Ohne Tod kein Leben … Aber auch wenn ich mich mit Nichtmedizinern unterhielt, spürte ich bei vielen Ablehnung. Oft wurde ich auch missverstanden. So als wollte ich Tiere quälen, sie in einem grauenvollen Schmerz belassen, ihnen die erlösende Spritze verweigern.

Aber war es nicht eher so, dass sich manche Menschen dem Tod verweigerten? Der bei ihren Haustieren ja immer ein bisschen vor der Tür steht. Viele haben eine relativ geringe Lebenserwartung. Bei Mäusen und Hamstern beträgt sie circa zwei Jahre, bei Meerschweinchen fünf bis acht Jahre, bei Wellensittichen zehn bis fünfzehn Jahre. Schildkröten können bis zu zweihundertdreißig Jahre alt werden. Doch wir halten keine Galapagosschildkröten, sondern vor allem Hunde und Katzen. Katzen können schon mal über zwanzig Jahre alt werden, Hunde nicht. Je größer ein Hund ist, desto geringer seine Lebenserwartung; bei Doggen beträgt sie zwischen sechs und acht Jahren. Eines Tages kam mir der Gedanke, dass unsere Haustiere auch aus dem Grund nicht so alt werden, damit wir in einem Leben öfter die Gelegenheit haben, Abschied zu üben. Der Tod unserer Tiere erinnert uns an unsere eigene Endlichkeit.

»Frau Doktor, da will ich jetzt gar nicht dran denken, da fange ich sofort zu heulen an.« Das höre ich oft, auch wenn die Tiere noch jung sind.

Wenn der Abschied nun aber unausweichlich ist. Wie wäre es, wenn wir ihm anders begegnen würden, wenn wir den Tod mit hineinnehmen würden in das Leben? Wenn wir uns als Menschen nicht freikaufen, indem wir entscheiden, dass das Tier jetzt seine Spritze bekommen soll, sondern bei ihm bleiben bis zu seinem letzten Atemzug, den nicht wir vorherbestimmen, am Dienstag um halb drei. Immer vorausgesetzt, es ist ohne Leid möglich. Wobei ich auch das hinterfragen würde – es kann einem schon mal was wehtun beim Sterben. Das ist so. Gegen starke Schmerzen gibt es Medikamente, auch naturheilkundlich können wir viel lindern. Außerdem ist der Sterbeprozess ein Ausnahmezustand. Wie genau er erlebt wird … das kann uns leider keiner erzählen. Und ein Tier schon gar nicht. Doch es ist offensichtlich, dass sich ein Tier bei seinem Abschied von der Erde in sich selbst zurückzieht. Es möchte auch nicht unbedingt ständig gestreichelt werden. Es bereitet sich vor, die Welt zu verlassen. Im Tod vollendet sich ein Kreis.

Der Sterbeprozess ist eine Art Trance. Warum sie durch eine Todesspritze stören? Noch einmal: Das Tier kann in der Regel schmerzfrei gehalten werden bis zu seinem natürlichen Tod. Alle Geschöpfe werden geboren und sterben. Das ist ein natürlicher Prozess, der in der Regel keiner Einmischung bedarf … Auch nicht bei medizinischer Indikation … Sie ist die Falle, denn selbstverständlich hat jede Euthanasie eine medizinische Indikation, sonst verstieße sie gegen das Tierschutzgesetz. Kein Tier soll ohne »vernünftigen Grund« leiden. Nimmt man das Tierschutzgesetz wörtlich, verstößt die Massentierhaltung dagegen: »Niemand darf einem Tier ohne vernünftigen Grund Schmerzen, Leiden oder Schäden zufügen.«

Genau genommen müssten in Massentierhaltung lebende Tiere euthanasiert werden, da sie teilweise fürchterlich leiden. Wir machen uns Gedanken darüber, dass ein Tier bei seinem Tod keine Schmerzen haben soll, und bescheren den Tieren in der Massenhaft ein ganzes Leben lang Schmerzen, physisch und psychisch. Aber im Augenblick des Todes, und nur dann, nicht auf der Fahrt dorthin, sollen sie es besser haben. Das alles sind sehr komplexe Fragen, auf die es keine einfachen Antworten gibt … oder doch? Die Liebe kennt die Antwort.

Es ist auch eine Art von Leid, das Tier nicht bis zu seinem Ende leben zu lassen. Vielleicht können wir das noch gar nicht ermessen. Vielleicht dauert es noch Jahrzehnte oder gar Jahrhunderte, bis wir mehr über diese Zusammenhänge wissen. Oder wir werden es niemals erfahren. Aber jenseits der Erfahrungen, die wir mit unseren Sinnen aufnehmen können, gibt es noch etwas. Zu dieser Überzeugung kam ich schließlich. Doch wie sollte ich das meinen Kunden erklären? Und was konnte ich ihnen stattdessen anbieten? Ich wollte weiterhin ihre Tierärztin sein, durch dick und dünn, vom Anfang bis zum Ende.

Jeder Tod ist so individuell wie das Leben davor. Und der Tod des Tieres spiegelt die seelische, energetische Situation des Besitzers in diesem Moment. Sich dem Tod zu stellen, hat Auswirkungen auf unser Leben – das danach ein anderes sein wird. Wir sind ein Stück krisenfester geworden.

Die meisten Menschen wollen am liebsten so sterben, dass sie nichts davon mitbekommen. Wer im Schlaf stirbt, dem sagt man nach: Der hat Glück gehabt. Der hat wenigstens nichts mitgekriegt. Diese Gnade wünschen die Menschen ihren geliebten Haustieren. Sie sollen einfach sanft einschlafen. Dazu tragen wir unseren Teil bei mit zwei Punkten auf dem A … einschläfern.

Über diese Pünktchen könnte man nicht nur ein, sondern viele Bücher schreiben. Ich möchte im Folgenden vor allem von meinen Erfahrungen berichten. Seit zwei Jahren habe ich kein Tier mehr eingeschläfert. Ich habe es keine Sekunde bereut, und es gab keine einzige Situation, in der ich meine Kanüle und die Medikamente vermisst hätte. Ich habe unglaublich schöne, tief berührende Abschiede miterleben dürfen und intensive Begegnungen mit Menschen gehabt. Meine Kunden, die sich dazu entschlossen, ihr Tier selbstbestimmt sterben zu lassen, haben dies ebenfalls nicht bereut. Ich habe niemals jene Fragen gehört, die mir beim Einschläfern so oft gestellt wurden: Ist es richtig? Alle wussten, spürten, dass es eine gute Entscheidung war, ihr Tier auf diesem letzten Stück des Lebensweges zu begleiten.

Diese Erlebnisse möchte ich in die Welt tragen, damit mehr Menschen von dem Leid des Einschläferns befreit werden und zumindest wissen, dass es eine Alternative gibt. Einschläfern ist nicht der natürliche Tod des Haustieres, auch wenn das mancherorts so erscheinen mag. Ich habe schon öfter Sprüche gehört wie: Na, der Alte humpelt ja ziemlich, den musst du aber bald einschläfern lassen. So als wäre das die logische Konsequenz einer Erkrankung im Alter. Nein, das ist es nicht. Auf die Gefahr hin, Äpfel mit Birnen, sprich Menschen mit Tieren zu vergleichen: Ich möchte auch keine Spritze angeboten bekommen, wenn ich mal schlecht zu Fuß bin.

Selbstverständlich würde ich auch heute im Fall der Fälle ein leidendes Tier »erlösen«, doch dazu würde ich es an eine Kollegin, einen Kollegen überweisen. Aber wenn ein Tier am Ende keine Schmerzen hat, wenn es nur darum geht, dass jetzt dann seine Zeit auf Erden abläuft. Wenn es lebensmüde ist … wieso sollte es dann mit einer Spritze getötet werden? Zumal es bald ganz ohne Zutun von Menschenhand sterben würde. Wieso schenken wir dem lieben Tier nicht die Zeit, die es braucht, um in seinem Rhythmus zu gehen? Meistens ist der Grund unser eigener Rhythmus. Der Tod des Tieres stört unseren Takt, den Ablauf im Alltag. Wir wollen es aber vielleicht auch schnell hinter uns bringen. Der Abschied ist so schmerzhaft, dass wir ihn nicht aushalten können. Lieber ein Ende mit Schrecken als ein Schrecken ohne Ende.

Aber gibt es ein Schrecken ohne Ende? Wie oft habe ich den Zweifel in den Augen der Patientenbesitzer gesehen. Fast immer. *Ist es richtig? Treffe ich die richtige Entscheidung?*

Und wie oft habe ich noch Jahre danach Zweifel gehört: Ob es damals wirklich nötig war? Jahre- und jahrzehntelang vergessen die Menschen den letzten Blick ihres Tieres nicht, die Spritze … »und dann hat die Lizzy noch gewedelt«. Häufig sind die todgeweihten Tiere ganz zum Schluss noch mal besonders wach. Tagelang waren sie apathisch, dann geht es zur Tierärztin oder sie kommt, das Tier wedelt, schnurrt, freut sich, nimmt sogar ein Leckerchen an, leckt die Hand der Ärztin … zeigt ganz deutlich Lebensfreude … und jetzt soll man es umbringen? Aber man hat den Termin und nein, man kann nicht noch mal von vorne anfangen. *Ja, tun Sie es …* Aber die Zweifel, die Zweifel bleiben und bohren, und was ein schöner Abschied sein könnte, ist eine einzige Wunde, die sich niemals schließt.

… Sie hat ihr Köpfchen an der Hand der Tierärztin gerieben! … Und er hat gewedelt und ist von sich aus auf die Liege gesprungen! Und hat sich auf ein Leckerli gefreut … Es war entsetzlich … Für manche Menschen sind diese Erfahrungen geradezu traumatisch,

und nicht wenige wollen deswegen nie wieder ein Tier bei sich aufnehmen: »So was halte ich nicht noch mal aus.«

Auch daran sieht man die Auswirkungen eines misslungenen Abschieds – wenn wir zweifeln, weil wir in unserer Entscheidung nicht sicher waren, kann man in dieser Frage überhaupt gewiss sein, und geht es nicht auch um die Frage, ob uns das überhaupt zusteht?

Der Tod vieler Tiere ist sanft. Wenn sie zum Beispiel innerlich verbluten – eine häufige Todesursache bei Tumoren. Da muss man nicht eingreifen. Das Tier wird immer müder, möchte keine Nahrung und auch kein Wasser mehr aufnehmen, schläft viel, zieht sich zurück, und irgendwann hört das Herz auf zu pumpen, der letzte Atemzug ist getan.

Der Sterbeprozess

Er ist sehr individuell – wie das ganze Leben. Er kann Minuten dauern oder sich über Wochen hinziehen. In der Regel durchläuft ein sterbendes Tier mehrere Phasen. Die Elemente Erde, Feuer, Wasser, Luft werden losgelassen. Zuerst das Erdelement: Der Körper nimmt ab. Durch den Fett- und Muskelverlust entstehen im Stoffwechselprozess Acetone, die den Körper nach und nach vergiften, weil die Nieren nicht mehr in der Lage sind, diese Giftstoffe zu filtern. Das führt zu Müdigkeit, Schlappheitsgefühlen, Schwäche. Schmerzen werden häufig nicht empfunden, da die Giftstoffe den Körper auch betäuben, ihn in eine Art Trance versetzen. Diese Trance wird unter anderem durch Botenstoffe verursacht, die im Sterbeprozess vermehrt ausgeschüttet werden. Auch wir Menschen kennen sie, häufig aus Glücksmomenten – Serotonin, Endorphine. Doch diesmal ist keine Verliebtheit im Spiel, es wird Abschied gefeiert.

Das Element Feuer kann jedoch noch einmal aufwallen – mit Fieber, oft bis zu vierzig Grad. Bis dann am Ende die Körpertemperatur erlischt. Durch die geringere Flüssigkeitsaufnahme und eventuell Erbrechen und Durchfall oder Inkontinenz verrinnt auch das Element Wasser. Ganz am Ende wird das letzte Element losgelassen, die Luft in einem finalen Ausatmen. Das Herz steht still. Und kurz darauf das Gehirn. Das Leben ist erloschen.

Erste Phase

Das Tier wirkt müde, vielleicht apathisch. Es schläft sehr viel und macht den Eindruck, sich in sich selbst zurückzuziehen. Appetit ist noch vorhanden, und es nimmt auch noch am Leben teil, wenn auch etwas eingeschränkt. Doch wenn man den Hund zum Gassigehen einlädt, dann will er mit.

Zweite Phase

Das Tier möchte keine Nahrung mehr aufnehmen oder nur noch wenig. Es zieht sich deutlich zurück. Körperflüssigkeiten können austreten.

Je nachdem, welches Organ zuerst aufgibt, zeigen sich andere Erscheinungsformen. Bei Leberproblemen gleitet das sterbende Tier in einen Dämmerzustand. Bei Nierenproblemen ist für dieses Koma der Anstieg der nicht ausgeschiedenen Harnstoffe verantwortlich. Falls die Lunge schwächer wird, steigt das Kohlendioxid im Blut und trägt das sterbende Wesen in die Bewusstlosigkeit.

Dritte Phase

Hier kommt es oft zu einem letzten Aufblühen. Oft hoffen die Menschen, dass das Tier wieder gesund wird … doch der Schein trügt. Dieses Aufblühen kann Minuten, Stunden, aber auch einige Tage dauern. Nun können aber auch Schmerzen auftreten. Ab hier hilft zum Beispiel Arsenicum album.

Vierte Phase

Der Atem verlangsamt sich, wird immer schwächer. Die Pausen zwischen den Atemzügen dauern länger.

Fünfte Phase

Jetzt geht es um das letzte Loslassen. Homöopathische Präparate und ätherische Öle wie zum Beispiel Thymian erleichtern es. Und Liebe.

Thymian unterstützt das emotionale System dabei, negative Emotionen, die seit Langem bestehen, loszulassen und das Herz zu öffnen. Außerdem hilft es beim Verzeihen und ist so ein wunderbarer Begleiter, um die Seele zu befreien und diese Welt in Frieden und Harmonie zu verlassen.

Ich bin bei dir

Auch im Angesicht des Todes spiegeln Tiere ihre Menschen. An der Seite eines natürlich sterbenden Tieres können Menschen tiefe Erfahrungen sammeln – und Ängste überwinden lernen. Die Begleitung eines sterbenden Tieres kann ein unendlich liebevolles und letztes Geschenk des langjährigen Begleiters an seinen Menschen sein. Manchmal erscheint es fast so, als wäre dieser Tod der letzte Auftrag, den ein Tier an seinem Menschen ausführt – indem es ihm zeigt, wie ein guter Abschied aussieht, und auch, dass er bewusst gestaltet werden kann. So rückt der Tod wieder ein Stück näher, an den Platz, wohin er gehört. Zu den Menschen, in unsere Mitte – nicht ausgelagert in irgendein Krankenhaus oder eine Tierarztpraxis. Bei den Menschen ist es so, dass die meisten sich wünschen, zu Hause zu sterben, im Kreis ihrer Liebsten. Den wenigsten gelingt dies. An Tieren können wir sozusagen »üben«, unsere Scheu zu verlieren – um auch todkranke Menschen nicht im Stich zu lassen.

Und wenn eine Erkrankung mit Schmerzen verbunden ist, kann sie mit Medikamenten behandelt werden. Gewiss, die meisten Tiere sind nicht krankenversichert, und manchmal ist es auch eine Kostenfrage: Kann man sich ein Therapeutikum langfristig leisten oder ist es billiger, das Tier einschläfern zu lassen. Ich habe allerdings nie einen Menschen allein aufgrund finanzieller Überlegungen entscheiden sehen. Die meisten hätten alles gegeben, um ihrem Tier Schmerzen zu ersparen. Doch es gibt einen Unterschied zwischen Schmerzen ersparen und den Tod wegnehmen. Aus spiritueller Sicht ist der Tod ein bedeutungsvoller Moment, der so bewusst wie möglich begangen werden sollte.

Wenn wir selbst große Angst vor dem Tod haben, wird unser Gefährte vielleicht starke Schmerzen haben, die wiederum sein Frauchen oder Herrchen schier zu zerreißen drohen … mit der Konsequenz, dass das Tier erlöst werden sollte, anstatt die eigene starre Haltung der Angst. Wenn ich aus meiner heutigen Sichtweise zurückblicke auf die vielen Jahre, in denen ich Tiere einschläferte, kommt es mir so vor, als wäre das Sterben der Tiere, deren Menschen Angst vor dem Tod hatten, schwerer als das von solchen Tieren, deren Menschen besser loslassen konnten. Nicht jedes Tier reagiert gleich auf die letzte Spritze. Manche wirken gelassen, entspannt, atmen noch einmal aus, und dann ist es still. Andere krampfen, als würden sie noch im Tod den Kampf ihres Menschen dagegen ausfechten. Sein Tier in den Tod zu begleiten, es nicht einschläfern zu lassen, kann diesen Kampf befrieden.

Oft erzählen gerade jene Menschen, die ihr Tier bis zum Schluss begleitet haben, wie wichtig diese letzten Tage waren und wie froh sie sind, dem Tier seine eigene Zeit gewährt zu haben. Ja, manchen kommt es so vor, als hätte ihnen das sterbende Tier noch eine wichtige Botschaft übermittelt.

Tiere sind unsere Helfer auf dem Weg zu einem bewussten Leben. Indem wir uns auf die Tiere einlassen, in gewisser Weise auf uns selbst, erfahren wir eine Verbundenheit, die es uns leichter macht, dem Gefährten bis zum Tod die Treue zu halten und ihm einen selbstbestimmten Abschied zu gewähren, anstatt es zeitgemäß mit einer Spritze zu beschleunigen und einen für Tier und Mensch unendlich wichtigen Prozess zu unterbrechen. Nicht selten geschieht dies, da der Tod den Alltag stört: »Können Sie auch am Wochenende kommen, weil ich am Montag wieder zur Arbeit muss?«

Rückblickend kommt es mir so vor, als hätte ich viele Tiere am Samstag und Sonntag eingeschläfert, wenn es in den Zeitplan ihrer Herrchen und Frauchen passte. Ich würde das keinem Menschen vorwerfen. Es ist einfach nur ein Abbild dieser verkehrten Welt, in der wir alles kontrollieren wollen und den Tod verdrängen, weshalb er in Form von Angst immer mehr Raum einnimmt.

Ein guter Abschied macht das Weiterleben leichter und ist der erste Schritt in eine erfolgreiche Trauerarbeit. Mit Erfolg meine ich hier, dass der Verlust wirklich verarbeitet wird. Und würde sich das nicht sogar das liebe Tier wünschen, das uns so lange begleitet hat, dass wir gut zurechtkommen?

Den gelungenen Abschied gestalten wir genau genommen nicht erst in den Todesstunden, sondern lange davor, Tag für Tag, Stunde um Stunde. Indem uns das bewusst ist, wird das Leben bunter, tiefer und spürbarer. So mancher Automatismus löst sich auf: Weil wir wissen, dass jede Sekunde einzigartig ist. Eines Tages kann uns dieses Wissen, dass wir unser Leben bewusst gestaltet haben, helfen, es auch herzugeben, loszulassen. Das Wissen, die Zeit mit unserem lieben Haustier wirklich genossen zu haben, hilft dabei, seinen Verlust zu verschmerzen. Ja, man lebt anders, wenn man sich mit dem Sterben auseinandersetzt. Die Annahme des Sterbens macht das Leben erst wirklich lebenswert. Dies mag man in Büchern und Kalendersprüchen gelesen haben, wenn man selbst neben seinem todkranken Tier sitzt, bekommt es eine andere Dimension. So können uns Sterbende das Leben lehren, und unsere eigenen Ängste können sich mindern. Die Sterbenden, die wir begleiten, können ein Korrektiv für unser Leben sein. Es in andere Bahnen lenken. Insofern schenken sie uns unendlich viel. Im Grunde genommen gehen sie ja nur voraus … so sehen es die Menschen, für die ein Tier als Familienmitglied zählte. Und da erübrigt sich die Frage, ob es zwei oder vier Beine oder Flügel hatte. Worauf es wirklich ankommt, das spüren wir in unserem Herzen.

Der letzte Schritt auf dem Lebensweg ist ein besonderer, egal ob bei Tier oder Mensch. Stehen wir für unser Tier ein? Stehen wir letztlich für uns selbst ein? Ich empfinde es als ein großes Geschenk, diesen letzten Dienst erweisen zu dürfen. Und ich möchte den Tieren das Recht auf ihren eigenen Tod zurückgeben. Ein letzter Liebesdienst an unseren treuen Freunden. Haben Sie den Mut, diesen Weg zu gehen?

Artgerecht ist herzgerecht

Was ist eigentlich natürlich? Ich habe oft den Eindruck, dass wir das gar nicht mehr wissen, und mindestens einmal in der Woche erlebe ich ein Tier, dessen »Krankheit« gar keine ist. So war es auch bei der neunzehnjährigen Mischa. Die Kätzin war zu steif, um sich zu putzen, und das sah man ihrem Fell an. Es war ungepflegt und verfilzt. Für Mischas Frauchen war dies Ausdruck einer Erkrankung. Sie wollte, dass ihre hochbetagte Katze ordentlich aussah. Aber in der letzten Lebensphase ist nichts mehr topp. Man stirbt nicht geschniegelt und gebügelt, auch nicht als Katze. Mischa ging ihrem Ende entgegen. So sagte ich, die verfilzten Haare im Blick, zu Mischas Frauchen: »Mischa hat sich ein weiches Ruhekissen gebaut. Das hat sie gut gemacht, sie schläft ja fast nur noch. So hat sie es schön kuschlig und gemütlich.«

»Ach, so sehen Sie das!«

Ja, so sehe ich das.

Bei unseren Tieren fällt es uns meist leichter, Mitgefühl zu entwickeln, und manchmal gelingt es uns dadurch auch bei unseren Artgenossen besser. Ich habe die Erfahrung gemacht, dass Menschen gegenüber Tierleid oft viel empfindlicher reagieren, als wenn andere Menschen Leid erfahren. Ein Polizeihundeführer vertraute mir einmal an, dass ihn tote oder verletzte Menschen relativ kalt ließen. Käme er jedoch an einen Unfallort, bei dem ein Tier schwer verletzt oder tot sei, würde ihn das sehr treffen. So oder ähnlich empfinden viele Menschen. Doch ich meine, wir sollten nicht bei der Tierliebe stehenbleiben, sondern weitergehen … zu den Menschen hin. Tiere sind eine Brücke für uns zu anderen Menschen. Mit Tieren lernen wir Empathie, die wir dann ausdehnen können.

Strolchis Frauchen erzählte mir eines Tages, dass sie seit der Amputation von Strolchis Hinterbein – er wurde von einem Motorrad angefahren – mehr Mitgefühl für behinderte Menschen entwickelt habe. Und dass sie selbstbewusster geworden sei. Denn mancherorts schaue man sie schief an, weil jemand glaube, der Hund hätte eingeschläfert gehört. Aber Strolchi ist putzmunter. Mit drei Beinen ist er schneller als manch anderer mit vier.

Einige Menschen ertragen einen solchen Anblick schwer. Sie leiden mit dem Tier, das selbst mutmaßlich gar nicht leidet. Tiere können sich sehr gut mit einer Situation arrangieren. Sie trauern keinem vergangenen Zustand nach. Sie nehmen, was ist. Auch davon können wir viel lernen. Und bei kranken Tieren können wir überprüfen, ob wir mitleiden oder mitfühlen. Mitleiden bringt gar nichts. Mitgefühl ist die Basis eines liebevollen Miteinanders.

Manchmal dauert es eine Weile, bis wir das auseinanderhalten können. Feli, eine vierjährige Katze, wurde von einem Auto angefahren. Der Beckenbruch ist gut verheilt, doch Frau Bayer ruft mich regelmäßig mit tränenerstickter Stimme an, wenn Feli humpelt, meistens bei Wetterwechsel. Feli geht es gut, sie hat sich offensichtlich mit ihrer Einschränkung arrangiert. Es ist Frau Bayer, die am Beckenbruch leidet … nein, natürlich nicht am Beckenbruch …

und eines Tages wird sie das vielleicht merken. Hierbei möchte ich sie gern begleiten. Es kommt darauf an, dass sie selbst die für sie stimmigen Zusammenhänge erkennt. Feli wird ihr mit ihrem Humpeln schon noch auf die Sprünge helfen.

In unserem Alltag werden wir nur selten mit dem Tod konfrontiert. Früher und in vielen Teilen der Welt auch heute noch war der Tod allgegenwärtig, und es starben auch jüngere Menschen: Säuglinge, Kinder, Jugendliche, Mütter, Soldaten. Sie starben durch Hunger, Krankheit, Seuchen und Kriege und mangelnde medizinische Versorgung sowie katastrophale hygienische Bedingungen.

Früher dominierte ein schneller Tod, häufig durch Infektionen. Heute wird oft langsam und lang gestorben. Das gilt besonders für ältere Menschen mit fortgeschrittenen Krebserkrankungen und chronischen Krankheiten.

Früher war der Tod ein vertrauter Zeitgenosse. Familie, Freunde, Nachbarn verbrachten die letzten Stunden am Bett des sterbenden Menschen. Es wurde gemeinsam gebetet und Abschied genommen. Gemeinsam wurde der Verstorbene gewaschen und angekleidet, hergerichtet für die Aufbahrung. Und wieder saßen die Verwandten und Freunde bei ihm und hielten die Totenwache. Die konnte mehrere Tage dauern, und bei einer Beerdigung wurde der Sarg offen durch das Dorf getragen oder gefahren.

Heute sind die Särge von den Straßen verbannt, und einige Bestattungsunternehmen verzichten auf alles, was das Dienstfahrzeug als Bestattungsfahrzeug entlarven könnte.

Die Sterbenden und Toten werden aus dem Alltagsleben entfernt und professionellen Kräften »zur Bearbeitung« übergeben. Das mündet in eine vermehrte Unsicherheit im Umgang mit Sterben und Tod. Wir können es nicht üben, wie das geht, mit Sterben und Tod. Denn den Tod, den wir vor Augen haben – jeden Tag hundertfach oder tausendfach, je nachdem, wie lange wir vor dem Bildschirm sitzen, der ist virtuell, nicht aus Fleisch und Blut. Kühl im

Kasten. Echte Tote, vielleicht die Eltern oder Großeltern, wie schlafend im Bett liegend, haben die wenigsten Menschen gesehen, aber Tausende von Toten im Fernsehen. Das alles trägt dazu bei, dass der Tod uns so fremd geworden ist und deshalb viele Menschen schon fast annehmen, Einschläfern sei der natürliche Tod eines Haustieres. Und Kühe sind lila.

Unsere Haustiere helfen uns dabei, das Sterben nicht nur virtuell, aus Fleisch und Blut zu erleben … es ist lange nicht so schlimm, wie man es sich ausmalen mag, im Gegenteil: Es ist wunderschön, den Abschied bewusst zu gestalten und zu erleben.

Morle darf nicht sterben

Frau Merz rief mich kurz nach acht Uhr abends an. Meine langjährige Kundin war völlig aufgelöst, weil ihr bald zwanzigjähriger Kater Morle Fieber hatte. Seit etwa zwei Jahren besuchte ich Frau Merz wegen vielen Kleinigkeiten.

Sie hatte entsetzliche Angst, dass Morle sie allein lassen würde. Keiner sollte die Wörter tot oder sterben in Zusammenhang mit Morle aussprechen. »Das halte ich nicht aus!«, rief Frau Merz und fuchtelte wild durch die Luft. Die frühberentete Buchhalterin war Mitte 60 und lebte allein in einer Zweizimmerwohnung. Morle war in gewisser Weise ihr Lebensgefährte. Obwohl ich Frau Merz schon lange kannte, wusste ich wenig von ihr. Sie sprach nie von sich, immer nur von Morle. Und es war klar: Morle darf nicht sterben. Denn, was sonst passieren würde, hatte sie klar gesagt: »Das überlebe ich nicht.«

Eine Stunde nach ihrem Anruf untersuchte ich Morle, denn ich wusste, wie wichtig das für Frau Merz war. In einem anderen Fall wäre ich vielleicht erst am nächsten Morgen zur Untersuchung gekommen. In letzter Zeit hatte Frau Merz Fortschritte gemacht – allmählich schien sie hin und wieder kurzfristig in Erwägung zu ziehen, dass Morle eventuell nicht unsterblich sein könnte. Auf diesem Weg wollte ich sie gern weiter unterstützen. Ja, mehr sie als ihn, denn Morles erhöhte Temperatur hielt ich für ein gutes Zeichen.

»Bitte geben Sie ihm was gegen das Fieber«, bat Frau Merz mich.

Ich erklärte ihr, dass Fieber eine natürliche Reaktion des Körpers ist, Stoffwechselprozesse zu aktivieren, um beispielsweise Giftstoffe schneller ausscheiden zu können.

Mit dem Fieber einher geht oft Appetitlosigkeit. Auch das ist ein kluger Schachzug der Natur. Das Verdauungssystem wird auf Stillstand geschaltet, sämtliche Verdauungsarbeit im Magen und Darm ruht, und auch die Leber und Bauchspeicheldrüse sind entlastet, da sie die Nährstoffe nicht aufbereiten müssen.

Fasten ist eine wunderbare Reaktion des Körpers, sich jetzt um das Problem zu kümmern, was gerade ansteht: zum Beispiel Trauma, Entzündung, Infektion – jetzt sind die erstmal wichtig und nicht das Essen; der Körper hat ausgezeichnete Reserven. Mit dem Fieber versucht der kranke Körper, durch die Selbstreinigungsmechanismen alles wieder ins Lot zu bringen. Diese Phase ist außerordentlich wichtig und genial eingerichtet von der Natur. Alles zielt darauf, das Leben zu erhalten. Fieber und Fasten sind im Reinigungsprozess wie Geschwister.

Doch wenn ein Tier keine Nahrung zu sich nimmt, sind seine Besitzer oft alarmiert. Dabei zeigt das Tier damit, dass es selbst alles tut, um wieder gesund zu werden. Es aktiviert seine Abwehrkräfte durch das Fieber und das Fasten, wie ich es bereits beschrieben habe. Aus diesen Gründen würde ich Fieber nicht durch die Gabe von Medikamenten absenken. Dadurch würde ich nämlich die Reinigungs-, Entgiftungs- und Entschlackungsvorgänge stören. Doch viele Menschen brauchen Arzneimittel, um das Gefühl zu haben, dass alles wieder gut wird. Also verabreichte ich auch in diesem Fall ein homöopathisches Präparat, das die Entgiftung unterstützt.

Als ich mir nach der Untersuchung von Morle die Hände wusch, sah ich im Flur seine Leine hängen. Seit achtzehn Jahren führte Frau

Merz ihren Morle an der Leine spazieren. Sie hatte zwar einen Garten und lebte in einer verkehrsberuhigten Zone, doch ihre Angst um Morle war so groß, dass sie ihn in der Wohnung hielt. Nach draußen durfte er nur an der Leine. Ich hatte mittlerweile herausgefunden, dass es Frau Merz' zweitgrößte Angst war, dass Morle ein anderes Frauchen finden könnte. Aus irgendeinem Grund glaubte sie nicht, dass man gern bei ihr war. Und so wie es aussah, gab es auch nicht viele Menschen um sie herum. Umso fester klammerte sie sich an Morle. Doch ihr Katerchen würde vermutlich nicht mehr lange leben. Er war altersschwach und litt an vielerlei Gebrechen. Manchmal kam es mir so vor, als würde er sich nur noch für Frau Merz anstrengen, am Leben zu bleiben. Auch so etwas begegnet mir öfter. Dass Tiere ihre Menschen nicht im Stich lassen wollen. Und da komme ich zu der Frage, ob wir sie im Stich lassen angesichts ihres Todes …

Und was wäre, wenn Morle wirklich fort wäre … würde Frau Merz dann wieder zu den Menschen finden? Sie gehörte zu jenen Zeitgenossen, die sinngemäß sagten: Seit ich die Menschen kenne, bevorzuge ich die Gegenwart von Tieren. Es gibt viele Menschen, die so denken und handeln. Tiere verlangen so wenig, geben so viel, schenken uns ihre bedingungslose Liebe. Den Tieren ist es egal, ob wir schön und reich und klug sind. Sie nehmen uns, wie wir sind und widmen uns ihr ganzes Herz. Doch natürlich sind sie auch abhängig von uns. Wir geben Nahrung und Schutz. Und sie geben manchmal, und das ist zu viel des Guten, einen Lebenssinn. Ja, es mag einfacher sein, Tiere zu lieben als Menschen. Doch zu den Menschen führt der Weg der Liebe, auf dem die Tiere uns begleiten.

Ich wurde einmal mitten in der Nacht von der Polizei angerufen. Eine völlig verzweifelte Frau hatte sie alarmiert: »Er ist tot! Er ist tot!«

In der Wohnung fanden die Polizisten keinen toten Menschen, wie sie erwarteten, sondern einen toten Papagei. Die Frau wehrte sich mit Händen und Füßen dagegen, den Tod des Tieres zu akzeptieren, obwohl sie deswegen die Polizei gerufen hatte. Nun behauptete sie, der Papagei sei nur scheintot. Ein Polizist kam auf die Idee, den Tod des Vogels von einem Tierarzt bestätigen zu lassen – beim Menschen stellt ein Arzt ja auch einen Totenschein aus. Die Frau war nicht nur verzweifelt, sondern hysterisch, aber es gelang mir, ihr den Tod ihres Gefährten zu vermitteln, indem ich ihn, obwohl daran kein Zweifel war, gründlich untersuchte, um schließlich den Kopf zu schütteln. »Es tut mir leid. Ihr lieber Dolittle ist leider verstorben. Mein Beileid.«

Da wurde sie ruhig, aber ein Polizist hielt diese Ruhe für »gefährlich« und rief einen Arzt, diesmal für Menschen.

Loslassen

Letztlich geht es im Leben immer um das Loslassen. Beim Tod eines Tieres können wir es üben. Das ist nicht jedem von Haus aus möglich. Oft erfordert es eine bewusste Entscheidung, gelegentlich auch gegen die Meinung anderer: Warum machst du es dir so schwer? Bring es halt hinter dich!

Wie schwer das Loslassen fällt, sehe ich oft bereits, wenn Haustiere älter werden. Allein diese bloße biologische Tatsache ist ein großes Problem für manche Menschen, die sich vor dem kleinsten Hauch eines in auch ferner Zukunft bevorstehenden Abschieds fürchten.

Oft kommt ein Tier als »Baby« zu uns. Wir erleben seine Entwicklung, wachsen zusammen … und dann erkennen wir eines Tages, dass aus dem drolligen Energiebündel ein Senior geworden ist. Auch im Alterungsprozess halten uns die Tiere einen Spiegel vor. Sie werden grau, wir auch, sie werden steif, wir auch, Zipperlein schleichen sich ein. Wie gehen wir damit um? Verlangen wir unseren Haustieren ewige Jugend ab, weil wir die selbst gern hätten?

Ignorieren wir ihre sich mit dem Alter verändernden Bedürfnisse, weil auch wir unsere eigenen Jahre auf dem Buckel am liebsten vergessen würden … forever young? Geben wir unseren Schutzbefohlenen weiterhin dieselbe Nahrung, weil wir auch für uns nicht akzeptieren wollen, dass wir weniger brauchen – und eine andere Kost? Und was ist, wenn das Tier einer erhöhten Pflege bedarf? Wenn eine Wunde versorgt werden muss, Tabletten regelmäßig gegeben werden sollen? Und wie gehen wir damit um, wenn die Katze, der Hund, undicht wird, unter sich lässt. Auch das kommt bei Menschen vor, sie tragen dann Windeln. Oder wenn der Hund die Treppen nicht mehr schafft. Das ist oft ein Argument, bei dem das erste Mal das Wort einschläfern fällt. *Ich kann ihn nicht dreimal am Tag rauf- und runtertragen …* Es gilt tatsächlich als vernünftiger Grund, das Leben eines Tieres zu beenden, wenn beispielsweise der 30-Kilo-Hund einer Familie mit drei kleinen Kindern mit den Hintergliedmaßen nicht mehr hochkommt.

»Was kann man denn da machen?«, fragen die Besitzer in solchen Fällen. Weil sie sich vielleicht schämen, weil es aber auch keinen anderen Weg zu geben scheint.

Früher wäre diese Situation unter bestimmten zusätzlichen Umständen ein Grund für mich gewesen, den Hund zu töten. Heute wäre es das niemals.

Molls Pizzaparty

Moll war ein stets fröhlicher Berner Sennenhund, der dann jedoch im frühen Alter von sechs Jahren große Probleme mit dem Bewegungsapparat bekam. Sein Frauchen Susanne baute einen Treppenlift ein, mit dem Moll täglich ein Stockwerk runter- und raufgefahren wurde. Und er bekam Schmerztabletten. Leider verschlechterte sich sein Zustand weiter. Als er kaum mehr gehen konnte, liebte er es dennoch, vor dem Haus zu liegen.

»Das ist doch kein Leben für einen Hund«, meinten manche und dachten wohl insgeheim weiter: Warum erlöst du ihn nicht?

Wovon?

Moll beobachtete die Katzen und Vögel, das Kommen und Gehen der Eierkundschaft auf dem Hof und freute sich über jede Streicheleinheit. Susanne sagte: »Ich glaube, dass er viel erlebt, was sich mir nicht erschließt. Ich habe ja nur meine menschlichen Sinne und Erfahrungen und keine Ahnung, was er zum Beispiel riecht.«

Moll nahm regen Anteil am Leben. Doch wenn er versuchte aufzustehen, wenn er schließlich wankend stand, ihm die Hinterhand jedoch immer wieder wegknickte – das war kein schöner Anblick und sicher hätten ihn andere nicht so gut ertragen. Doch Susanne war sich sicher: Moll lebte noch immer gern. Diese Meinung teilte ich. Hin und wieder begegnen mir allerdings auch Menschen, die den schwer angeschlagenen Gesundheitszustand ihres Tieres nicht wahrhaben wollen oder können, weil sie die Konsequenzen fürchten.

Als Moll gar nicht mehr auf die Beine kam und sich auch seine Schmerzen verschlimmerten, entschied Susanne sich. Gewiss auch schweren Herzens, doch sie war sicher, denn Moll zeigte keine Lebensfreude mehr. Ich empfahl ihr eine Kollegin. Susanne lud Molls zwei- und vierbeinige Freundinnen und Freunde zu einem Abschiedsabend ein. Alle bekamen Pizza, egal ob das nun gesund war oder nicht. Moll war begeistert. »Das hat mich schon aus der Fassung gebracht«, sagte Susanne mir später. »Wie er sich gefreut hat. Aber seine Schmerzen waren wirklich sehr stark, und die Tabletten gingen schon auf die Nieren. Ich werde nie vergessen, wie er in die Pizza gebissen hat. Er konnte es erst gar nicht fassen, dass er so was kriegt. Er wusste ja nicht, dass das seine Henkersmahlzeit war.«

Während sich zwei der vierbeinigen Partygäste in der folgenden Nacht übergaben, schlief Moll gut. Morgens um sieben hob er den Kopf, als Susanne zur Toilette ging. Als die Tierärztin um zehn auf den Hof fuhr, schlug Molls Herz nicht mehr. Er war kurz davor für immer eingeschlafen – und machte Susanne damit ein letztes großes Geschenk. »Auch wenn ich mir sicher war, so ist es doch eine unendliche Erleichterung, dass nicht ich diejenige bin, die das Todesurteil gesprochen hat!« Und sie fragte mich: »Ob er das wohl gespürt hat?«

Ich gehe davon aus, dass Tiere etwas spüren, auch wenn sie nicht wissen, woher es kommt, was es bedeutet. Doch sie nehmen eine veränderte Energie der ihnen so nahestehenden Menschen wahr. Ich bin auch schon gefragt worden, ob ich glaube, dass ein Tier ja sagen würde zu seiner Einschläferung. Nein, ich glaube nicht, dass ein Tier freiwillig einen Termin vereinbaren würde. Doch eine Kollegin hat mir einmal von einem Hund erzählt, der ihr die Pfote bei der Euthanasie so auffordernd hingehalten hatte, dass sie das nur so interpretieren konnte.

Ich habe einige Geschichten gehört von Tieren, die dem Einschläfern sozusagen von der Schippe gesprungen sind, weil sie kurz vor dem Termin »die Fliege machten«. Manche von ihnen haben davor irgendetwas getan, womit sie Frauchen und Herrchen zeigten, dass sie sich nun verabschieden wollten. So wie der Kater Willi, der nur einmal im Leben im Schlafzimmer war, dort aber einen Riesenschreck bekam, weil er sich in einem Kabel verhedderte. An seinem letzten Tag spazierte er ein zweites Mal durch das Schlafzimmer, das er vierzehn Jahre gemieden hatte, drehte sich in der Tür um, schaute über die Schulter, tapperte in die Küche auf seinen Platz am Ofen und starb. Ich möchte das gar nicht kommentieren oder wie eine Glaubensfrage behandeln. Für die Hinterbliebenen ist es so, und es ist gut so.

Für Herrn Baumgartner kam Einschläfern nicht in Frage, obwohl Moritz, sein siebzehnjähriger Kater an einer Niereninsuffizienz litt. Der Freigänger hatte viel Gewicht verloren und war in keinem guten Zustand. Herr Baumgartner erzählte mir: »Jeden Tag, wenn ich von der Arbeit komme, steht Moritz am Tor. Seit fünfzehn

Jahren mit wenigen Ausnahmen. Da kann ich ihm doch keine Todesspritze verpassen lassen. Eines Tages wird er nicht mehr am Tor stehen. Dann weiß ich auch Bescheid.«

Wir vereinbarten, dass Moritz dreimal wöchentlich eine Infusion zur Nierenanregung bekommen sollte, die den Flüssigkeitshaushalt stabilisierte, Nährstoffe zuführte und die Giftstoffausscheidung anregte. Diese Behandlung ließ der freiheitsliebende Kater ohne Murren über sich ergehen. Eines Tages lag er tot neben dem Tor.

»Pflichtbewusst bis zum Schluss«, sagte Herr Baumgartner, während er sich die Tränen wegwischte. Und dann seufzte er tief. »Aber wissen Sie, auch wenn das jetzt ganz schlimm ist, so ist es doch viel weniger schlimm, als wenn wir vor zwei Monaten Exodus gemacht hätten, weil ich das so bestimmt hätte. So ist es ganz nach Moritz' Willen gegangen. Das passt doch zu ihm und seinem Dickschädel.« Ich nickte. Meiner Meinung nach passt das nicht nur zu Moritz, sondern zu jedem Tier.

Das treue Frauchen

Auch Bruno litt an einer Nierenfunktionsstörung. Seit Längerem arbeiteten die Nieren nicht mehr richtig, was nun auch zu riechen war. Nierenkranke strömen einen ganz typischen Geruch aus, weil die Giftstoffe nicht mehr ausgeschieden werden. Am schwersten fiel es Melanie, die Bruno mit vier Jahren aus dem Tierheim geholt hatte, seinen Mundgeruch zu ertragen. »Manchmal würgt es mich da fast«, gestand sie mir. »Aber man schläfert doch kein Tier ein, weil es stinkt.«

»Nein«, sagte ich, wobei ich natürlich weiß, dass so etwas geschieht.

Naturheilkundlich konnte ich das Geruchsproblem etwas abmildern. Es gibt wunderbare Ergänzungsfuttermittel, nierenentlastende natürliche Präparate, zum Beispiel mit Calciumcarbonat. Es bindet das Phosphat im Futter, die Nieren werden entlastet. Ätherische Öle im Raum, beispielsweise Weihrauch, Lavendel und Lemongras spenden Duft. Mundpinselungen mit Kamillentee oder Ringelblumenöl sind ebenfalls hilfreich. Doch die Nierenproblematik konnte ich nicht verändern und auch nicht Brunos Schilddrüsenüberfunktion, die medikamentös allerdings gut eingestellt war. Es war klar, dass Bruno nicht mehr lange leben würde. Er war siebzehn Jahre alt. Melanie wollte Bruno gern zu Hause sterben lassen – selbstbestimmt, falls das ohne allzu große Schmerzen möglich wäre.

Doch das gestaltete sich schwierig, da Bruno sich immer öfter übergab und Melanie tagsüber nicht zu Hause war. Schließlich räumte sie ihr Schlafzimmer für ihn und rollte den Teppich auf.

»Spinnst du?«, fragte ihre Nachbarin. »Das ist doch nur eine Katze.«

»Ich habe nichts dazu gesagt«, erzählte Melanie mir. »Aber Bruno war an meiner Seite, als meine Schwester verstarb. Er hat mich in unzähligen Nächten getröstet mit seinem Schnurren und mir die Füße gewärmt im Bett. Wenn ich nach Hause gekommen bin, hat er sich gefreut wie ein Schnitzel. Wir haben zusammen ferngesehen, und wenn ich ihn atmen hörte, war immer alles gut. Er hat mich angeschaut und wusste sofort, was mit mir los ist. Mein Bruno war immer für mich da. Wie könnte ich ihm da mein Schlafzimmer nicht zur Verfügung stellen?«

Doch als Bruno auch noch Krampfanfälle bekam, wusste Melanie nicht mehr, wie sie ihren Kater begleiten sollte. Schließlich war sie berufstätig. Ihr Chef hatte kein Verständnis für ihre Situation. Eines Tages weigerte sie sich, Überstunden zu machen. Es kam zu einem Eklat, der mit ihrer Kündigung endete. Die natürlich arbeitsrechtlich keinen Bestand hatte. Doch sie hatte Folgen für Melanie, weil sie eine ansehnliche Abfindung bekam und damit … aber da war Bruno bereits tot … eine lange Reise durch Neuseeland machte. Wie sie es sich immer gewünscht hatte, ohne Mann und ohne alles. »Nur ich! Da wollte ich schon immer mal hin! Und das verdanke ich auch Bruno. Er hat es auf die Spitze getrieben, bis ich mich von diesem Chef, unter dem ich so gelitten habe, befreit hatte.«

Erst neulich hat Melanie mich zu einem Hausbesuch gebeten. Sie hat eine neue Stellung, einen neuen Mann … und eine neue Katze: Brunella. »Dreimal war es Liebe auf den ersten Blick«, erzählte sie mir.

Melanies Haltung hat mich beeindruckt. Obwohl Bruno nicht einfach so einschlief, sondern wirklich sehr viel von ihr forderte, blieb sie bei ihrem Entschluss, Bruno bis zum letzten Atemzug zu begleiten, auch wenn er sich stark veränderte, als der Tod nahte. So ist das nun mal beim Sterben. In der Regel gehen wir nicht strahlend, sondern schon etwas zerzaust, mitgenommen von der Reise durch unser Leben. Bruno war apathisch. Fast zwei Wochen lang nahm er nichts zu sich und vier Tage auch kein Wasser. Anfangs wankte er noch zur Katzentoilette, dann trug Melanie ihn zweimal täglich hin. Ganz zum Schluss setzte er auch keinen Kot mehr ab, nur noch Harn. Und als Melanie den Eindruck hatte, das Hochgehobenwerden strenge ihn sehr an, legte sie ihm Unterlagen in seine Ruhestätte, die sie zweimal täglich wechselte. Brunos Mäulchen reinigte sie mit Kamillentee und betupfte die Lippen, auch wenn er nicht gut roch.

Früher hätte ich Bruno eingeschläfert. Er war schließlich in der Sterbephase und sie ist mit Unannehmlichkeiten, ja Leiden verbunden. Ich sah meine Aufgabe darin, das zu unterbinden, abzukürzen. Und so habe ich den Sterbeprozess gestört und das Tier mit einer Überdosis Narkotikum getötet. Heute betrachte ich die Sterbephase als zum Leben gehörig. Sie ist wichtig, auch für das, was danach kommt. Melanie hätte sich jederzeit für ein Einschläfern entscheiden können. Sie hatte die freie Wahl, eine Kollegin zur Euthanasie aufzusuchen. Ich mache das nicht mehr. Und das fühlt sich sehr gut an.

Ich habe es oft erlebt, dass der Tod eines Tieres, dem wir uns stellen, eine große Veränderung in der Zukunft ohne dieses Tier bringt. Manchmal kommt es mir so vor, als würde erst der bewusste Abschied diese Zukunft ermöglichen. Während ein Verharren in der Trauer oft eine neue Zukunft unmöglich macht. Manchmal klopft der Tod an die Tür und tritt sofort ein, manchmal wartet er noch eine Weile, und manchmal klopft er zuerst einmal an die Gartenpforte. Wir haben die Wahl, wie wir damit umgehen, wenn die Endlichkeit sichtbar wird. Verbringen wir die letzten Tage und Wochen mit unserem Haustier in einer vorweggenommenen Trauer? Oder machen wir es uns noch einmal besonders schön? Jeder schöne Augenblick erleichtert den Abschied!

Der letzte Unterschlupf

Die Wohnungskatze Valerie kannte ich schon seit ihrer Geburt. Sie war auf einem benachbarten Bauernhof zur Welt gekommen und in die guten Hände von Frau Adam gegeben worden. Nun war Valerie fünfzehn Jahre alt und zeigte eine zunehmende Bewegungsstörung der Hintergliedmaße, sodass sie sich oftmals taumelnd fortbewegte. Durch den Muskelabbau konnte sie auch nicht mehr auf ihren Lieblingsplatz, dem Fensterstock, springen.

»Ich merke aber, wenn sie hochwill«, erzählte mir Frau Adam. »Da hat sie einen ganz speziellen Blick, und dann hebe ich sie auf ihr Kissen.«

Ich empfahl einige homöopathische Mittel für Valerie, und sie wirkten so gut, dass die Katze wieder beweglicher wurde. Doch es war Frau Adam sehr bewusst, dass sie sich allmählich mit dem Gedanken befassen sollte, wie ihr Leben ohne Valerie aussehen würde. Und das schien ganz plötzlich über sie hereinzubrechen, denn von heute auf morgen verschlechterte sich Valeries Allgemeinzustand. Sie nahm nur noch wenig Nahrung zu sich, bewegte sich kaum, und an der rechten Vorderpfote bildete sich eine entzündliche Schwellung. Valerie bekam Fieber, und es entwickelte sich eine kirschgroße Eiteransammlung in der Unterhaut.

Dieser Verlauf hätte durchaus als letzte Gewissheit gelten können, dass man Valerie nun besser einschläfere, um ihr weiteres Leiden zu ersparen. Doch Frau Adam teilte mir mit ihrem typisch trockenen Humor mit, dass sie ihrerseits mit einem Pickel am Oberarm auch nicht eingeschläfert werden würde. Sie fragte mich: »Oder stirbt Valerie daran?«

Darauf konnte ich keine Antwort geben. Man weiß nie, wie viele Zwischenstationen auf der letzten Reise eingelegt werden. Der Sterbeprozess ist im Detail nicht vorhersehbar, auch wenn die Zielgerade relativ gleich verläuft – bei Mensch und Tier. Einige Zeichen sprachen dafür, dass Valerie innerhalb der nächsten Woche von uns gehen würde. Es ist stets ungewiss, ob ein bereits angeschlagener Körper es schafft, ein zusätzliches Problem zu lösen. Doch Valerie überraschte uns.

Als ich den Abszess eröffnet hatte und der Eiter abgeflossen war, ging es ihr, befreit von all den Giftstoffen, deutlich besser. Die Wunde behandelte ich mit Propolissalbe, und innerhalb eines Monats war sie vollständig verheilt. Des Weiteren erhielt Valerie homöopathische Präparate und ätherische Öle. Ihr Appetit war wieder gut, was Frau Adam sehr freute. »Sie kriegt jetzt, was sie am liebsten mag, nämlich Dosenfutter«, vertraute sie mir an.

Vier Monate nach dem Abszess zeigte Valerie blutigen Ausfluss am Maul. Frau Adam rief mich sofort an, und ich entdeckte einen zwanzig Cent großen Tumor am Gaumen. Eine Operationsmöglichkeit gab es an dieser Stelle nicht. Ob der Tumor wachsen würde, war ungewiss. Aber mit dieser Situation war im Prinzip klar, dass Valerie in absehbarer Zeit sterben würde. Obwohl diese Nachricht Frau Adam nicht überraschte, musste sie sehr weinen. »Ich hab es einfach verdrängt«, sagte sie mir. »Weil es Valerie jetzt doch wieder so gut ging.«

Das konnte ich gut verstehen. Die Hoffnung stirbt zuletzt, und manchmal geschehen auch kleine oder größere Wunder. Doch darauf setzte Frau Adam nun nicht. Sie besorgte sich Bücher und beschäftigte sich intensiv mit dem Tod. Es war ihr ausdrücklicher Wunsch, Valerie bis zum Schluss zu begleiten. Seit sie im Fernsehen eine Reportage über ehrenamtliche Hospizhelfer gesehen hatte, spielte sie mit dem Gedanken, dieses Ehrenamt ebenfalls zu übernehmen. Mit Valerie würde sie herausfinden, ob sie dazu geeignet war.

Doch es ist etwas anderes, ob ein uns nahestehendes Lebewesen stirbt oder jemand, den wir erst vor kurzem kennengelernt haben. Es war nicht leicht, doch Frau Adam blieb bei ihrem Vorhaben. »Das ist etwas, was ich meiner Valerie zurückgeben kann«, sagte sie.

Frau Adams Mann war alles andere als begeistert von der sterbenden Katze in der Wohnung. Doch Frau Adam signalisierte deutlich, dass es hier keinen Verhandlungsspielraum gab. Solche Differenzen erlebe ich öfter. Frauen sind in der Regel eher bereit, sich auf eine Sterbebegleitung einzulassen. Sie knicken allerdings manchmal ein, wenn die Männer nicht mitziehen. Die haben natürlich Argumente: Das ist doch Quälerei! Warum tust du dir das an!

Oft verschleiern sie damit jedoch ihre eigene Angst vor allem, was mit dem Thema Tod und Trauer zu tun hat. Ich habe es aber auch erlebt, dass es zu einer ganz neuen Begegnung auch in einer langjährigen Beziehung kommen kann, wenn man sich für den Tod öffnet.

Einmal habe ich eine Frau beim Sterben ihres Hundes begleitet. Der Mann war strikt dagegen, es ging so weit, dass er einen Teil des Hauses mied. Doch ganz am Ende saß Herrchen bei dem Hund. Frauchen hatte Grippe und lag mit Fieber im Bett. Sie konnte einfach nicht mehr, und da ließ ihr Mann sie nicht im Stich und sprang ein. Das hat die Beziehung der beiden vertieft.

Ich möchte keinesfalls den Anschein erwecken, es gäbe überhaupt nichts Schöneres auf der Welt als Sterben. Manchmal ist es auch ganz fürchterlich. Zum Beispiel, wenn ein Tier schreit, was jedoch meistens in Notfällen auftritt – bei Unfällen mit starken Traumata. Die Tiere jammern erbärmlich, man sieht ihnen das Elend im Gesicht an, und sie haben oft starke Schmerzen. Manchmal denke ich mir auch: Beim Tier können wir jeden Schmerz stoppen. Beim Menschen nicht …

Zurück zu Valerie: Sie machte es ihrer Familie leicht, denn ihre letzten zwei Wochen verbrachte sie am liebsten in ihrem Katzenkorb, meistens schlafend. Es war so still um sie herum, dass man vergessen konnte, dass eine Katze im Raum war. Diesen Rückzug erlebe ich immer wieder. Es ist, als würde das Tier seine Energie nach innen richten, im Außen wird es fast unsichtbar, es ist schon ein bisschen, als wäre es gar nicht mehr da. Frau Adams Tochter kam auf die Idee, einen Vorhang vor den Korb zu hängen, sodass Valerie noch ungestörter in ihrer Höhle war. Nahrung nahm sie kaum mehr und dann gar nicht mehr auf und schließlich trank sie auch nicht mehr. Hauchzart atmend lag sie in ihrem Korb, den die Adams schließlich in ihr Schlafzimmer stellten. Zweimal täglich setzte Frau Adam Valerie in die Katzentoilette, doch da kam nichts mehr. In den letzten fünf Tagen lag Valerie nur noch in ihrem Körbchen. Sie verlor ein bisschen Urin und Blut und blutigen Schleim aus dem Mäulchen, die Flüssigkeiten wurden von einer saugfähigen Unterlage aufgefangen, die Frau Adam nach Bedarf wechselte. Bei einem dieser Wechsel merkte sie, dass Valerie gestorben war. So leise und zart, dass niemand es gemerkt hatte.

Ich besuchte Frau Adam zu einem Kondolenzbesuch. Sie erzählte mir von Lulu, der Freigänger-Katze, die sie als Kind über alles geliebt hatte. Eines Tages war die Glückskatze, wie man dreifarbige Katzen nennt, verschwunden. Wochenlang suchte Frau Adam nach ihr. »Bis heute frage ich mich, was mit ihr geschehen ist. Und das Ganze liegt über vierzig Jahre zurück. Es tut noch immer weh. Ich weiß nicht, hat sie jemand gestohlen, sie war ja etwas Besonderes mit ihrem schön gezeichneten Fell. Oder ist sie überfahren worden oder war sie krank und hat sich zum Sterben niedergelassen oder ist sie einfach bei uns ausgezogen, weil sie einen besseren Platz gefunden hatte?«

Ein solches Nichtwissen belastet die Menschen sehr. Wir möchten erfahren, was mit unserem Liebling geschehen ist, wir möchten Gewissheit, und wenn sie fehlt, erschwert es das Loslassen. Hat sie gar ein Fuchs gefressen? Oder lebte sie noch lange, weil sie mal wieder in irgendein Auto eingestiegen war … und keiner hatte es gemerkt, und dreihundert Kilometer später ist sie ausgestiegen, und wenn sie nicht gestorben ist …

Als ich meine große Praxis noch hatte, geschah es mehrfach, dass allzu tierliebe Menschen vermeintliche Patienten brachten. Doch ein Rehkitz in der Wiese ist nicht in Not, und es ist auch kein Zeichen für seine Hilfsbedürftigkeit, wenn es vor einem Menschen nicht wegläuft. Das Kitz wurde von seiner Mutter dort abgelegt. In den ersten ein bis zwei Lebenswochen haben die Kitze noch keinen Fluchtreflex. Ihre Überlebensstrategie besteht vor allem aus Kleinmachen, Wegducken, und zwar so lange, bis die Mutter ruft. Dann heißt es aufstehen, hinlaufen, trinken und sich an einen neuen Ort führen lassen, dort wieder kleinmachen, warten. Aber eben nicht auf eine Spaziergängerin, die das Kitz in meine Praxis brachte. Jetzt war es nämlich wirklich ein Notfall – mutterlos aus seiner Welt gerissen.

Eine andere Frau brachte eine schwer kranke Katze, die sie gefunden hatte. Gewiss, die Frau wollte etwas Gutes tun. Doch die Katze hatte sich im Gebüsch verkrochen, um in Frieden zu sterben. Dort war sie von der Frau entdeckt worden, die sie retten wollte.

Freigänger-Katzen ziehen sich meistens an einen ruhigen Ort zurück. Und dort hauchen sie ihr Leben aus. Doch der Plan dieser Katze ging nicht auf. Ich musste sie einschläfern. Das Rehkitz konnte unsere Praktikantin an eine Tierfreundin vermitteln, die sich bereiterklärte, es mit der Flasche großzuziehen, aber das war großes Glück … oder Pech? Wer mag das entscheiden.

Schock

Der Abschied von Valerie dauerte eine Weile, so konnte sich Frau Adam gut darauf vorbereiten. Doch nicht selten kommt der Tod wie ein Blitz aus heiterem Himmel. Und das ist dann sehr schwer zu verkraften für die Angehörigen, die Patientenbesitzer. Zum Beispiel, wenn ein Tier von einem Auto angefahren wurde oder sich vergiftet hat. Schwer verletzt wird es in die Praxis gebracht, und bei der Untersuchung stellt sich heraus, dass es mit hoher Wahrscheinlichkeit seinen Verletzungen erliegen wird, in ein paar Minuten oder Stunden oder morgen. Ohne Vorbereitung stehen die Menschen vor der Frage: einschläfern?

Manchmal offenbart sich eine tödliche Erkrankung aber auch bei einem Routineeingriff. So wird bei der Eröffnung des Bauchraumes für eine Entfernung eines Harnsteines ein Tumor entdeckt. Oder eine zuerst für harmlos gehaltene Zyste erweist sich als gefährlicher Lebertumor … Sodass sich die Tierärztin fragt, wie der Hund, die Katze es so lange geschafft hat. Der Patient liegt noch auf dem OP-Tisch … Sollen wir ihn noch einmal aufwecken oder für immer schlafen lassen?

Das ist ein Schock für die Angehörigen, die geglaubt haben, ihren lieben Gefährten am Abend oder nächsten Tag aus der Praxis abzuholen. Stattdessen werden sie bei der Begleichung der Rechnung gefragt, ob sie die sterblichen Überreste mitnehmen wollen oder ob die Tierarztpraxis sie »entsorgen« soll, wenn sie telefonisch einer Einschläferung zustimmten.

Solche Erlebnisse nagen an Menschen, oft jahre- und jahrzehntelang. Katrin ist über vierzig. Doch als sie mir von ihrer Laika erzählte, die sie im Alter von zwanzig Jahren verlor, liefen ihr die Tränen übers Gesicht. »Es war eine Routineuntersuchung vor der Impfung. Ich sagte eher so nebenbei, dass Laika in letzter Zeit manchmal hustet. Daraufhin stellte der Tierarzt beim Abhören ein Lungengeräusch fest. Laika wurde geröntgt, und man sah, dass ihre

Lungen voller Tumoren waren. Er fragte mich, ob er sie gleich einschläfern sollte, weil sie doch wegen des Röntgens schon in tiefer Sedierung lag. Ich war völlig im Schock. Irgendwie ließ er mir gar keine Wahl. Für ihn war das wahrscheinlich die praktischste und beste Lösung. Ich habe genickt, und er hat es gemacht. Ich bin erst eine Stunde später wieder zu mir gekommen, und ich habe Wochen gebraucht, bis ich kapiert habe, dass Laika nie wieder zu mir zurückkehrt, und irgendwie habe ich das bis heute nicht verkraftet und noch immer mache ich mir schreckliche Vorwürfe. Das war nicht richtig von mir. Das hat meine Laika nicht verdient. Ich wünschte, ich wäre damals selbstbewusster gewesen. Ich war ja nicht mal dabei. Der Tierarzt hat das nebenan erledigt. Er hat sogar noch gesagt: Das ist nichts für schwache Nerven. Ja klar, habe ich geheult. Aber es war doch mein Hund, neun Jahre lang!«

Ja, so etwas gibt es. Vielleicht war der Kollege nicht besonders einfühlsam, vielleicht wollte er die junge Frau schonen, sie von ihrem Leid erlösen – auf seine Art und Weise. Womöglich hat der nächste Patient schon gewartet, oder der Tierarzt konnte nicht gut mit Gefühlen umgehen, wir sind auch nur Menschen. Und wenn man als Tierarzt ein Leiden zu hundert Prozent eliminieren will, schläfert man eben ein. Aber am Tier hängt auch der Mensch dran und er lebt weiter – nicht selten mit einem Trauma. Deshalb war Katrin auch zu mir gekommen. Sie wünschte sich so sehr wieder einen Hund, jetzt, wo ihre Zwillinge ausgezogen waren, doch sie hatte gleichzeitig entsetzliche Angst, dass wieder so etwas Schlimmes passieren könnte.

»Was hättest du als Tierärztin gemacht, wenn ich bei dir gelandet wäre?«, fragte sie mich.

»Was ich damals getan hätte, weiß ich nicht«, antwortete ich ihr. »Ich kenne den Befund nicht. Doch heute würde ich erst mal Ruhe reinbringen. Niemals eine solche Entscheidung zwischen Tür und Angel treffen. Sondern eine Nacht drüber schlafen, besser zwei oder drei. Alternativen überlegen. In sich selbst und das Tier hineinspüren. Die Liebe fließen lassen. Vielleicht Yoga machen oder einen langen Spaziergang, meditieren, mit Freunden sprechen, was auch immer … und dann aus der Ruhe heraus entscheiden in dem Wissen, dass jede Entscheidung eine momentane ist. Im Fluss bleiben. Sich nicht überfordern, aber auch nicht missachten.«

Mit Liebe vertrauen, dass letztlich alles gut so ist, wie es ist, auch wenn wir das im Augenblick nicht erkennen können. Und wenn uns unser lieber Gefährte verlassen hat, die Geschichte von der Regenbogenbrücke lesen. Ich erzähle sie am Ende des Buches.

Wenn etwas an die Nieren geht

Der sechsjährige Jack Russel Sunny hatte einen Termin zur Zahnsanierung. Zur Narkosevorbereitung empfahl die behandelnde Tierärztin eine Blutuntersuchung. Sunnys Besitzer, Frau und Herr Krüger, waren einverstanden und fielen aus allen Wolken, als sie erfuhren, dass Sunnys Nierenwerte lebensbedrohlich waren. »Ich wundere mich, dass er das so lange gut kompensieren konnte«, sagte die Kollegin. Und da fiel es den Krügers wie Schuppen von den Augen. Hatte Sunny in letzter Zeit nicht etwas viel getrunken?

Die Krügers kamen zu mir, weil sie eine zweite Meinung einholen wollten. Ich nahm sie als völlig geschockt wahr und auch eingeschüchtert. Euthanasie stand im Raum, wenn sich Sunnys Werte nicht verbesserten. Der Langzeitparameter Phosphor war im Normalbereich. Daraus schloss ich, dass Sunnys Nieren noch nicht allzu lange betroffen waren. Harnstoff und Kreatinin waren hingegen um das Dreifache erhöht. Insofern empfahl es sich dringend, die Nieren zu entlasten, wenngleich Sunnys Allgemeinbefinden gut war. Gerade Nierenprobleme werden oft sehr lange gut kompensiert. Sunny zeigte keinerlei Krankheitsanzeichen. Das Allgemeinbefinden der Krügers war jedoch im Keller. Beide waren wie gelähmt und weinten. Sunny stieß seine Schnauze mal an Herrchens, mal an Frauchens Bein. Wie konnte er sie aufmuntern?

Ich empfahl unter anderem eine Futterumstellung zu einer die Nieren entlastenden phosphor- und eiweißarmen Spezialkost. Herr Krüger hörte, völlig absorbiert von seiner Trauer, gar nicht richtig zu, streichelte Sunny mechanisch und wollte wissen, was wäre, wenn der schlimmste Fall einträte. Frau Krüger sagte, ihr Mann solle an die Heilung glauben.

»Ich bin kein Traumtänzer«, sagte Herr Krüger.

»Aber wir müssen es doch wenigstens versuchen.«

»Und noch länger leiden?«, fragte er. »Hältst du das aus?«

Ja, das war die Frage. Würden die Krügers diese Situation ertragen, mit einem todkranken Hund und ungewisser Zukunft zu leben? Konnten sie sich an einem Sunny mit diesem Befund genauso freuen, wie wenn sie es nicht gewusst hätten? Die Nierenerkrankung war ja durch einen Zufall ans Licht gekommen. Ohne die geplante Zahnsanierung und die routinemäßige Blutuntersuchung hätten die Krügers Sunny vielleicht noch lange unbeschwert an ihrer Seite gehabt.

Die Krügers verabschiedeten sich in Tränen von mir. Sie wollten alles noch einmal besprechen. Eine Woche später rief mich Frau Krüger an. Sie bedankte sich für das Gespräch und teilte mir mit, dass sie sich entschieden hätten, Sunny einschläfern zu lassen. Sie habe es nicht verkraftet, den Tod im Hund, der ja ständig um sie war, zu sehen. Sie hätte nur geweint, und das sei nicht gut gewesen. Das hätte Sunny auch völlig durcheinandergebracht, der das alles schließlich nicht verstanden hätte. Sie wisse, dass sie schuld sei. Sie hätte stärker sein müssen. Es täte ihr leid. Ob ich das verstehen würde.

Ich hörte, dass sie um eine Art Freispruch bat, und sagte: »Ja, das verstehe ich sehr gut. Ich fühle mit Ihnen.«

Auch Herr Weise ließ seine Mimi von einer Kollegin einschläfern. Zwei seiner Hunde hatte ich bereits eingeschläfert. Nun rief er an und teilte mir mit: »Bei der Mimi wär es jetzt dann so weit.«

Auf Nachfrage erfuhr ich. »Sie ist nun zwölf, und die Arthrose im Becken wird auch nicht besser. Wann können Sie kommen?«

»Morgen, Herr Weise. Aber ich schläfere keine Hunde mehr ein.«

»Warum wollen Sie dann morgen kommen?«

»Ich möchte mir die Mimi anschauen.«

»Da ist nichts mehr zu schauen. Die ist zwölf und fertig.«

»Deshalb müssen Sie Mimi nicht einschläfern. Es gibt auch andere Möglichkeiten.«

»Nein, da gibt es keine Möglichkeit. Wie gesagt, jetzt ist Schluss, und ich war auch schon beim Züchter wegen einer neuen Mimi.«

Alle Hündinnen von Herrn Weise hießen Mimi.

»Also Sie machen das nicht mehr?«, fragte er noch einmal.

»Nein.«

»Dann gehe ich zu jemand anders. Für Mimi ist jetzt Schluss.«

Eine Alternative passte nicht in seine Welt. Doch es gibt auch Menschen, die bewusst leben, sich vegetarisch oder vegan ernähren, die Grünen oder die Tierschutzpartei wählen, Bienenrasen sähen, Rad und Bahn statt Auto fahren und nur fair einkaufen, Plastik meiden – und ihr Tier dann doch einschläfern lassen, mit Gift. Und das ist keinem zum Vorwurf zu machen. Aber vielleicht verändert es sich und beim nächsten Tier ist alles anders. Oder auch nicht …

Der Nachfolger

Als Robin im Alter von sechs Jahren bei einem tragischen Unfall starb, schafften die Traubs für seine achtjährige Schwester Sandrine den Golden Retriever Chino an. Der Welpe sollte die Familie, die sich noch immer in Schockstarre befand, aufmuntern; wieder Leben in die Bude bringen – und das machte er großartig. Der kleine Kerl gab alles, und mit den Jahren wurde es ein bisschen leichter, wenn auch nie unbeschwert. Der Schatten des frühen Todes eines Kindes lastete über der Familie. Die Eltern hatten entschieden, so wenig wie möglich über Robin zu sprechen, um Sandrine nicht zu belasten. Doch natürlich spürte sie die Trauer ihrer Eltern. Umso enger schloss sie sich Chino an. Auch ihre Mutter suchte Trost bei Chino, und ihr Vater ging jedes Wochenende lang mit ihm spazieren – »Jungs unter sich« – nannte er das, aber in Wirklichkeit erzählte er Chino, wie sehr er Robin vermisste, und wenn er nach Hause kam, waren seine Augen rot geädert, »diese verdammte Pollenallergie«.

Sandrine entwickelte mit zwölf Jahren eine schlimme Neurodermitis und, als die Pubertät einsetzte, eine Depression. Allein bei Chino konnte sie sich noch öffnen. Und dann geschah die Katastrophe. Es fing ganz harmlos an mit einer Augenentzündung. Ich hatte an diesem Wochenende Notdienst, so lernte ich die Familie kennen. Schon als ich das Haus betrat, erfasste mich eine schier bodenlose Traurigkeit, und mein erster Gedanke bei Chino war: Der Hund weint. Ich schob diesen seltsamen Einfall dann erst einmal weg, ließ mir erzählen, was den Traubs aufgefallen war, fragte das Übliche – Ernährung, Verdauung, Erkrankungen in der Vergangenheit und so weiter. Fast in jedem Satz wurde Chino mit Kosenamen bedacht. Unser Sonnenschein, unser Lichtblick, unsere Spaßkugel, unser Gute-Laune-Meister und so weiter. Wenn man ihn ansah, wedelte der Goldie los, als wollte er mithilfe seines Propellers abheben. Die Traubs lachten, aber es klang immer ein bisschen traurig. Chino lief von hier nach da, stupste an, forderte Streicheleinheiten ein, spielte den Clown und weinte.

Ich verordnete homöopathische Augentropfen und fuhr mit einem seltsamen Gefühl nach Hause. Irgendetwas passte hier überhaupt nicht zusammen, oder passte dieser völlig aufgedrehte, zwanghaft fröhliche Hund fellgenau in diese Familie?

Eine Woche danach, Samstagabend neunzehn Uhr, rief Frau Traub mich panisch an. Ob ich sofort kommen könne? Chino rühre sich nicht mehr. An ihrer Stimme hörte ich, dass es ein Ernstfall war. Zwanzig Minuten danach sah ich den Hund flach wie eine Flunder auf dem Boden liegen, alle Viere von sich gestreckt wie bewusstlos. Doch er war wach, rührte sich allerdings nicht, die Augen geschlossen.

»Was ist mit ihm, was ist mit ihm?«, fragte Frau Traub ununterbrochen. Ihr Mann war mit ihrer Tochter bei einer Reittherapie und würde erst am Montag zurückkommen.

Ich kniete mich neben Chino und legte meine Hand auf seine Brust. Ich spürte einen zu Tode erschöpften Hund.

Er war noch keine sechs Jahre alt, hatte sich aber vollständig verausgabt. Noch wusste ich nicht, warum, doch nachdem Chino wieder aufgewacht war, erzählte Frau Traub mir, weshalb sie ihn damals zu sich geholt hatten. Chino schaute sie währenddessen aus müden Augen an, wirkte desorientiert, doch schmerzfrei. Herzschlag und Atmung waren normal. Ich legte eine intravenöse Flexüle, um ihm Flüssigkeit und Glucose zu infundieren. Notfallmäßig bestimmte ich den Blutzuckerspiegel und das CRP. Dieser Parameter für eine hochakute entzündliche Reaktion im Körper war im Normalbereich. Ich injizierte Calcium carbonicum und ließ ätherische Öle diffusen: Weihrauch, Thymian und Lemon.

Zwei Tage später war Chino tot. Die Traubs wollten unbedingt eine Obduktion, weil sie nicht fassen konnten, dass der Hund so jung verstorben war. Als Todesursache wurde schließlich Herz-Kreislauf-Versagen festgestellt. Der Tierpathologe erkundigte sich bei den Traubs, ob das Geburtsdatum des Hundes stimme, denn wie ein kaum sechsjähriger Rüde habe er nicht gewirkt, eher wie ein deutlich älteres Tier. Nun, Chino hatte auch eine große Last auf seinen seidigen Goldie-Schultern getragen, wie ich jetzt wusste. Der Sonnenschein der Familie musste die Trauer fernhalten.

Als ich in der Nähe war, kaufte ich ein paar Sonnenblumen und klingelte für einen Kondolenzbesuch. Frau Traub wirkte noch immer sehr mitgenommen. Ungefragt erzählte sie mir: »Ohne Hund, da fällt man in ein Loch. Man ist total einsam. Man macht sich komische Gedanken.«

Nun, dachte ich mir und machte mir auch ein bisschen komische Gedanken, dann würden die Menschen, die ohne Hund lebten, ziemlich übel dran sein.

Herr Traub war einer Meinung mit seiner Frau: »Man wird verrückt ohne Hund.«

»Und Ihre Tochter?«, fragte ich.

»Die ist oben und heult sich die Augen aus«, erfuhr ich.

»Deshalb haben wir auch gleich für Nachschub gesorgt«, erzählte Herr Traub mir, und seine Frau nickte lächelnd und holte ein Foto von einem Golden Retriever Welpen »Das ist er. Süß oder?«

Ich nickte.

»Er soll Chico heißen.«

»Aha.«

»Also am liebsten wäre uns natürlich Chino gewesen, aber das wäre unpassend. Also haben wir Chico gedacht, das ist so ähnlich, aber trotzdem ganz anders.«

Ich schaute den kleinen Chico auf dem Foto an und wünschte ihm alles Gute für sein Leben mit den Traubs. Solange diese Familie sich ihrer Trauer nicht stellte und sie ihren Hunden überließ, die sie irgendwie meistern mussten, hatte dieser kleine Kerl eine schwere Aufgabe vor sich.

Da ging die Tür auf und Sandrine, die Tochter kam herein, sah, dass ihre Eltern mir das Foto des Nachfolgers zeigten, und rief: »Ich will keinen neuen Hund, ich will keinen neuen Hund!«

Dann rannte sie raus.

Die Eltern sahen sich betroffen an. Herr Traub sagte achselzuckend: »Pubertät.«

Eigentlich hatte ich mich nicht äußern wollen, doch mit der Energie des Mädchens im Herzen sagte ich: »Vielleicht wünscht sich Ihre Tochter ein bisschen Pause, etwas Abstand, ehe ein neuer Hund bei Ihnen einzieht?«

»Er ist doch jetzt schon zehn Tage tot. Und bis der neue kommt, dauert es noch eineinhalb Wochen«, erklärte Herr Traub verständnislos.

»Ich freu mich so«, seufzte Frau Traub. »Dann rührt sich wieder was bei uns.«

Ich verabschiedete mich bald. Einen Hund habe ich dort im Garten nie gesehen. Wer weiß, ob Chico überhaupt eingezogen ist, vielleicht hörten die Eltern doch noch auf ihre Tochter.

Die Geburt

»Weißt du noch, Wilma?«, fragte mich neulich eine Freundin. Wenn sie das sagt, ahne ich, was als nächstes kommt. Nämlich die schwere Geburt ihres Hundes. Der kleine Waska hatte sich im Geburtskanal verkantet. Ohne auf Geschwindigkeitsbegrenzungen zu achten, raste ich damals durch die Nacht zu der mir am Telefon genannten Adresse. Waska war der einzige Welpe und deshalb sehr groß, und seine Mutter war bereits entkräftet. Es bestand die Gefahr, dass beide starben. Durch die Gabe des Wehenmittels Oxytocin und eine manuelle Geburtshilfe konnte ich Waska und seine Mutter retten.

Als Tierärztin für Kleintiere begleite ich heute nur selten bei Geburten. Zu Beginn meiner Praxis, als ich häufig auch Kühe und Schafe behandelte, war ich öfter Geburtshelferin und habe auch Kaiserschnitte bei Hunden und Katzen durchgeführt. Es ist immer ein sehr bewegender Moment, wenn ein neues Wesen auf die Welt gleitet.

Waskas Frauchen Manuela behauptet, dass Waska sich daran erinnern würde, wer ihm das Leben gerettet hat. Das halte ich für Quatsch. Aber es ist nicht von der Hand zu weisen, dass es bei mir einen besonderen Grund zur Freude für Waska gibt, nämlich die Delikatesse Grünlippmuschel. Von Manuela bekommt er die nicht, weil sie bestialisch stinken. Recht hat Frauchen. Aber sie sind gesund, weiß die Tierärztin.

Neulich begann Manuela also: »Weißt du noch …«, und sie fuhr fort: »Nächste Woche hat Waska seinen sechsten Geburtstag. Ist das nicht unglaublich, wie schnell die Zeit vergeht?«

»Ja«, nickte ich.

»Ich darf gar nicht daran denken«, sagte Manuela und schwieg. Natürlich wusste ich, was sie meinte.

Aber dann atmete sie zu meiner Freude einmal tief durch, schaute Waska an, der mich anschaute, weil er auf seine Grünlippmuschel wartete, und erklärte ihrem Rüden: »Es gibt überhaupt keinen Grund, Trübsal zu blasen. Wir haben bis jetzt wunderbare Zeiten erlebt, und weißt du was, so machen wir einfach weiter.«

Tock, tock, tock, schlug Waskas Rute auf den Holzboden. Das war ganz in seinem Sinne. Zumal jetzt endlich die Delikatesse serviert wurde.

Ja, es ist im Sinne unserer Tiere, gemeinsam eine schöne Zeit zu verleben, zu der sie uns anstiften auf dem Weg zu uns selbst.

Wir wissen nicht, wie viel Zeit uns vergönnt ist. Doch jeder gute Tag, jeder glückliche Moment polstert den Speckgürtel, den wir eines Tages gut brauchen können, wenn der Abschied naht. Wir können ihn gar nicht besser vorbereiten als mit achtsamen und glücklichen, intensiven Momenten der Begegnung mit unseren Tieren. Und der Dankbarkeit, dass wir diese intensive Nähe erleben dürfen, die uns auch in Reviere in unserem Inneren führt, die wir ohne diese Lotsen vielleicht nicht aufgespürt hätten. Und wann immer uns einfällt, wie zerbrechlich dieses Glück ist, sollten wir die Zartheit nicht wegschieben, sondern annehmen, denn das Wissen um die Vergänglichkeit macht jeden Augenblick noch kostbarer und schenkt uns die Kraft, unseren lieben Gefährten bis zum letzten selbstbestimmten Atemzug ein Freund zu sein. So wie dein liebes Tier dich begleitet durch dick und dünn, über Stock und Stein, durch gute und schlechte Zeiten.

Nimm dir Zeit für deine Tiere! Öffne dein Herz und lass bedingungslose Liebe strömen, wie sie dir dein Tier schenkt. Liebe verbindet uns mit allem und allen, mit unseren Tieren, mit uns selbst, mit anderen Menschen, mit der Natur, der Erde, dem Himmel. Liebe überwindet jede Trennung, und sie macht uns stark und frei. Liebe heilt.

Die Regenbogenbrücke

Es gibt eine Brücke, die den Himmel und die Erde verbindet.
Weil sie so viele Farben hat, nennt man sie die Regenbogenbrücke.

Auf der jenseitigen Seite der Brücke liegt ein wunderschönes Land
mit blühenden Wiesen, mit saftigem grünem Gras und traumhaften
Wäldern.

Wenn ein geliebtes Tier die Erde für immer verlassen muss,
gelangt es zu diesem wundervollen Ort.

Dort gibt es immer reichlich zu fressen und zu trinken,
und das Wetter ist immer so schön und warm wie im Frühling.
Die alten Tiere werden dort wieder jung und die kranken Tiere
wieder gesund. Den ganzen Tag toben sie vergnügt zusammen
herum.

Nur eines fehlt ihnen zu ihrem vollkommenen Glück:
Sie sind nicht mit ihren Menschen zusammen, die sie auf
der Erde so geliebt haben.

So rennen und spielen sie jeden Tag miteinander,
bis eines Tages eines von ihnen plötzlich innehält und gespannt

aufsieht. Seine Nase nimmt Witterung auf, seine Ohren stellen sich auf, und die Augen werden ganz groß.

Es tritt aus der Gruppe heraus und rennt dann los über das grüne Gras. Es wird schneller und schneller, denn es hat Dich gesehen!

Und wenn Du und Dein geliebtes Tier sich treffen,
gibt es eine Wiedersehensfreude, die nicht enden will.
Du nimmst es in Deine Arme und hältst es fest umschlungen.
Dein Gesicht wird wieder und wieder von ihm geküsst,
Deine Hände streicheln über sein schönes weiches Fell,
und Du siehst endlich wieder in die Augen Deines geliebten
Freundes, der so lange aus Deinem Leben verschwunden war,
aber niemals aus Deinem Herzen.

Dann überquert ihr gemeinsam die Regenbogenbrücke
und werdet von nun an niemals mehr getrennt sein …

(Verfasser unbekannt)
Quelle http://tiertrauerseite-er.de/die-regenbogenbruecke/

Zum Weiterlesen

Arndt, Sabine; Krieges, Petra: *Wenn Tiere ihren Körper verlassen.* München 2018

Berne, Eric: *Spiele der Erwachsenen.* Reinbek bei Hamburg 2008

Besant, Annie: *Der Mensch und seine Körper.* Grafing 2011

Betz, Robert: *Wahre Liebe lässt frei!* München 2009/2014

Blackburn, Simon: *Denken.* Darmstadt 2001

Bobke, Susa: *Wildwechsel.* München 2018

Bragg, Paul C.; Bragg, Patricia: *Wunder des Fastens.* Weil der Stadt 2003

Brendieck-Worm, Cäcilia; Melzig, Matthias F.: *Phytotherapie in der Tiermedizin.* Stuttgart 2018

Clement, Brian: *Wunderlebensmittel.* Emmendingen 2012

Dahlke, Rüdiger: *Krankheit als Symbol.* München 1996

Day, Christopher: *Homöopathie in der Kleintierpraxis.* Stuttgart 2004

Hesse, Hermann: *Wer lieben kann, ist glücklich.* Frankfurt am Main 1986

Hoenig M.; McGoldrick JB; de Beer M.; Demaker PN & Ferguson DC (2006): *Activity and tissue-specific expression of lipases and tumor-necrosis factor a in lean and obese cats.* Domestic Animal Endocrinology 30 333–344. (doi:10.1016/j.domaniend.2005.09.001)

Franz, Willi: *Handbuch der Kirlianfotografie.* Stuttgart 1997

Fromm, Erich: *Die Pathologie der Normalität.* Ulm 2006

Fromm, Erich: *Vom Haben zum Sein.* Ulm 2007

Gruber, Achim: *Das Kuscheltierdrama.* München 2019

Harris, Amy Bjork; Harris, Thomas A.: *Einmal o.k. Immer o.k.* Reinbek 2008

Hay, Louise: *Heile Deinen Körper.* Bielefeld 1983/1989

Homöopathisches Repetitorium. DHU, Karlsruhe 2019

Hüther, Gerald: *Biologie der Angst. Wie aus Stress Gefühle werden.* Göttingen 2018
Jester, Frank: *Chlorophyll. Das grüne Blut*. Hamburg 2011
Kirchner, Josef: *Die Kunst, ein Egoist zu sein*. München 1976
Langholf, Christof: *Ich lasse los*. Magdeburg 2008
Lang von Langen, Stephanie: *Therapie auf vier Pfoten*. München 2019
Lauster, Peter: *Aus ganzem Herzen leben: Folge deinen Gefühlen.* Lübbe 2008
Lauster, Peter: *Die Liebe. Psychologie eines Phänomens*. Reinbek 1980/2016
Leadbeater, Charles W.: *Unsere unsichtbaren Helfer*. Grafing 2018
Linder Hintze, Rebecca: *Emotionen & Ätherische Öle*. Leesburg 2017
Licht, Christian: *Die Naturgesetze*. Langscheid 2016
Loibner, Johann: *Impfen. Das Geschäft mit der Unwissenheit*. Limits 2014
Micklei, Michael: *Die Krönung des Bewusstseins*. Bernhardswald 2018
Modern Essentials. Ein moderner Leitfaden zur therapeutischen Nutzung von ätherischen Ölen. Pleasant Grove 2017
Nydahl, Lama Ole: *Von Tod und Wiedergeburt*. München 2014
Osho: *Liebe, Freiheit, Alleinsein*. München 2002
Osho: *Das Chakra Buch*. Köln 2018
Pause, Bettina: *Alles Geruchssache*. München 2020
Peseschkian, Nossrat: *Es ist leicht, das Leben schwer zu nehmen. Aber schwer, es leicht zu nehmen. Geschichten und Lebensweisheiten.* Freiburg im Breisgau 2006
Peseschkian, Nossrat: *Das Alter ist das einzige Mittel für ein langes Leben.* Düsseldorf 2007
Rinpoche, Sogyal: *Das Tibetische Buch vom Leben und Sterben.* München 2013
Schasteen, Maria L.: *Duftmedizin: Ätherische Öle und ihre therapeutische Anwendung.* Amerang 2016
Schlingensiepen, Irene; Brysch, Mark-Alexander: *Homöopathie für Skeptiker*. München 2014
Schroll, Sabine; Dehasse, Joël: *Verhaltensmedizin beim Hund.* Stuttgart 2007
Schroll, Sabine; Dehasse, Joël: *Verhaltensmedizin bei der Katze.* Stuttgart 2004
Seul, Michaela: *Das Glück hat vier Pfoten*. München 2020
Seul, Michaela: *Luna Seelengefährtin*. München 2013
Seul, Michaela: *Ein Abschied in Würde*. München 2008
Seul, Michaela: *Leben ohne Leander*. Münster 2000

Sheldrake, Rupert: *Der Siebte Sinn der Menschen*. Frankfurt am Main 2006/2014

Sheldrake, Rupert: *Der Siebte Sinn der Tiere*. Frankfurt am Main 2007

Sienko, Sofia: *Der Steinschlüssel*. Aitrang 1998

Simon, Swanie: *BARF – Biologisch Artgerechtes Rohes Futter für Hunde*. 2008

Simon, Swanie: *BARF – Biologisch Artgerechtes Rohes Futter für Welpen und trächtige Hündinnen*. 2008

Soentgen, Jens: *Selbstdenken!* Wuppertal 2007

Spezzano, Chuck: *Worte der Kraft aus: Ein Kurs in Wundern*. München 2016

Staffa, Wilma: *Salmonella Typhimurium DT104 aus einer mesophilen Biogasanlage. Überlebenszeiten und experimentelle Inaktivierung durch ausgewählte organische Säuren*. Leipzig 2004

Stolp, Hans: *Organspende*. Amerang 2016

Switzer, John: *Heilkräftige Wildkräuter-Vitalkost-Rezepte*. Feldafing 2012

Walker, Norman W.: *Auch Sie können wieder jünger werden*. München 2002

Weiss, Thorsten; Bor, Jenny: *Superfoods*. Darmstadt 2014

Wolff, Hans Günther: *Unsere Hunde – gesund durch Homöopathie*. Stuttgart 2012

Für mehr Gefühl in der Medizin

ca. 224 Seiten, gebunden, ISBN 978-3-95803-333-7

Gefühle verändern das Leben – ob es das unglaubliche Glück ist, ein Kind zur Welt zu bringen, die Schmetterlinge im Bauch, wenn man verliebt ist, aber auch die Trauer beim Verlust eines Partners oder die Wut und die Ohnmacht, ausgeliefert zu sein, zum Beispiel dem Klimawandel. Als Netz der Körpererinnerung prägen sich all diese Erfahrungen in uns ein und entscheiden mit darüber, ob wir gesund bleiben oder krank werden.

Der Mediziner und Naturheilkundler Gustav Dobos hat häufig erlebt, wie Heilung möglich wird, wenn sich durch ganzheitliche Therapien seelische Blockaden lockern – ganz ohne Psycho-Medikamente.

www.scorpio-verlag.de

SCORPIO